东方
文化符号

紫金山天文台

张旸 著

江苏凤凰美术出版社

图书在版编目(CIP)数据

紫金山天文台 / 张旸著. -- 南京：江苏凤凰美术出版社, 2025.1. -- (东方文化符号). -- ISBN 978-7-5741-1676-4

Ⅰ.P112.2

中国国家版本馆CIP数据核字第2024FM7674号

责 任 编 辑　李秋瑶
责 任 校 对　唐　凡
责 任 监 印　张宇华
责任设计编辑　赵　秘

丛 书 名　东方文化符号
书　　　名　紫金山天文台
著　　　者　张　旸
出 版 发 行　江苏凤凰美术出版社（南京市湖南路1号　邮编：210009）
制　　　版　南京新华丰制版有限公司
印　　　刷　盐城志坤印刷有限公司
开　　　本　889 mm×1194mm　1/32
印　　　张　4.625
版　　　次　2025年1月第1版
印　　　次　2025年1月第1次印刷
标 准 书 号　ISBN 978-7-5741-1676-4
定　　　价　88.00元

营销部电话　025-68155675　营销部地址　南京市湖南路1号
江苏凤凰美术出版社图书凡印装错误可向承印厂调换

目录

前　言 ·· 1

第一章　天文学与天文台 ·························· 3
第一节　天文学是什么 ···························· 3
第二节　市民身边的天文台 ······················ 8

第二章　筑梦钟山　建立紫台 ···················· 16
第一节　西山之梦 ································ 16
第二节　缘定钟山 ································ 21
第三节　专家建台 ································ 28
第四节　建筑群落 ································ 46
第五节　古仪南迁 ································ 60
第六节　斗转星移 ································ 71

第三章　筚路蓝缕　紫金之巅 ···················· 87
第一节　钟山太史 ································ 87
第二节　大地星火 ······························· 100

第四章 光辉历程 继往开来……………………107
第一节 日月换新天……………………107
第二节 射电天文学……………………109
第三节 "东方红一号"……………………113
第四节 前沿成果展示……………………118
第五节 台站发展……………………122
第六节 天文博物馆……………………136

前　言

　　紫金山天文台是中国自主建立的第一座国立现代天文台。其诞生的过程，反映了中国现代天文学起源与拓展的艰难历程，记载了中国天文学家为振兴祖国天文事业而不屈奋斗的经历，体现了中国科学家以平凡之身而为国家栋梁的坚毅精神。

　　作为一个研究机构，紫金山天文台在建立之初的名字是"国立中央研究院天文研究所"，那个时候所称的"紫金山天文台"实际上是天文研究所在紫金山上以"国立第一天文台"为目标而建立的天文台。天文研究所在抗战期间西迁昆明，在凤凰山上也建了一座天文台。抗战结束后，天文研究所迁回南京，在紫金山上迎来了新生。

　　中华人民共和国成立后，天文研究所隶属于中国科学院，单位名称改为"紫金山天文台"，简称"紫台"。新中国成立初期的紫金山天文台，担负着规划发展全国天文事业的重任，为中国天文事业的振兴做出了不可磨灭的贡献,为今天中国天文事业方兴未艾的局面奠定了坚实基础。同时,紫金山天文台自身也持续发展壮大,不断开拓新的研究领域,取得了令人骄傲的成就。

当年在紫金山上建立的天文台,如今只是紫金山天文台机构的一部分。紫金山上的天文台现在的主要功能是作为科普教育基地,并正在建设为一座天文博物馆。建成后的博物馆将展现紫金山天文台的历史、中国现代天文学发源与开拓的历史。日月盈昃,斗转星移,本书将为大家讲述紫金山天文台的悠悠往事与光辉历程。

第一章　天文学与天文台

第一节　天文学是什么

天文学是一门自然科学，研究的对象是宇宙中的一切天体，以及宇宙本身。

有个说法虽属玩笑，但形象地说明了天文学的研究范围：整个宇宙由三个科学家分割领地，从地心到地球表面归地质学家管，地球表面上的大气层归气象学家管，剩下的全归天文学家管。可见天文学家这个"管家"的管辖范围之大。

天文学家管事的时间其实很短，因为人类的历史在宇宙中仅是一瞬。江畔何人初见月？江月何年初照人？这些疑问至今难以解答。不过能够确定的是，自从有了原始的人类文明，天文学就产生了，因为远古的人类需要做两件必不可少的事情：一是俯身察地，二是仰天观星。

俯身察地，是为了渔猎、放牧、农耕，是人类生存的必需；仰天观星，其实也是人类生存的需要，因为人类

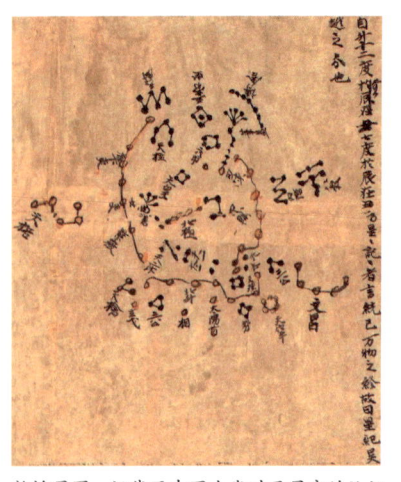

敦煌星图，记载了中国古代对于星空的认识

必须知悉日月更替、季节转换，以便顺天应时，安排农事和其他重要的事情。除了白天看太阳，晚上还要看星星。时光之流转，人类最直接的感知就是各种天体周而复始的有规律的变化：太阳一升一落为一日，给人的感受最为直接；月亮由圆转缺，再由缺转圆，这期间过去了许多个日升日落，可称之为一月。

年的概念，对于最初的渔猎或游牧民族，并不是很重要，他们仅需知道旱季与雨季、冷季与暖季的模糊区别即可。但对于发展到一定程度的农业文明社会，年的概念则不可或缺，这时候就要借助仰天观星的手段来确定年度。比如，古代埃及人通过观察天狼星的升起时刻，来预知尼罗河水泛滥的时节，以便准备新一年的播种。中国在周朝就有"观象授时"的实践，根据星官（中国古代对天区的划分，也就是中国的星座）和天象来确定季节。

就这样，在古人的仰天观察之中，天文学诞生了。

大汶口文化遗址出土的陶尊，上面的刻纹反映了古人对天象观测的记录

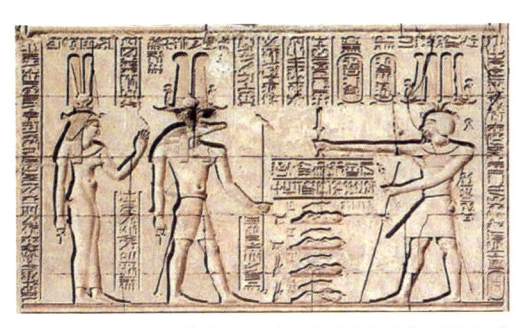

古埃及壁画——正在使用观测仪器"麦凯特"的鳄鱼神

  天文学有天体测量学、天体力学和天体物理学三个先后发展起来的分支学科。另外，伴随着天文学不断发展的需要，天文观测技术也应该算作一个重要的分支学科。

  天文学最早发展起来的分支，就是天体测量学，它研究的是天体的位置，也就是星星"在哪里"的问题。

知道了天体"在哪里"，自然还想知道它们为什么在那里、接下来将要去哪里，这就是研究天体运动的规律。天体力学研究天体运动的规律，也就是回答天体如何运动的问题。

接下来，天文学家还想了解天体的物理性质与演化规律：发光的本领如何，为什么会发光，有没有磁场，如何诞生、演化和

1904年木刻版画《夫琅禾费向朋友展示分光仪》

覆灭，诸如此类。19世纪初，德国天文学家夫琅禾费借鉴牛顿的分光实验，发明了分光仪，发现了天体的光谱，天文学的第三个分支——天体物理学宣告诞生。天体物理学是天文学中最为年轻的分支，但其发展最为迅速，到20世纪中期已成为天文学的主流。

对于天文学的历史如何断代划分，天文学界并没有完全一致的观点。在这本书里，暂以哥白尼发表日心说和夫琅禾费开创天体物理学作为两个节点，将天文学的历史简单划分为古代天文、近代天文和现代天文三个阶段。按照这个划分，后文中将要讲到的20世纪20—30年代，虽在历史学的划分上属于近代历史，但那时候中国天文学家正在创建的天文台，应该是一座现代天文台，因为它所开展的研究内容属于现代天文的范畴。当然，那是一个承前启后的时代，无论是当时的研究工作，还是那个时代的天文学家，都还带有明显的近代天文的属性。因此，本书所讲述的那个时代的事物，在"近代天文"和"现代天文"的用词上不会很严格地区分。

对于天文学，人们往往存在许多误解，在此有必要加以说明或澄清。

天文学不是星占学。天文学是科学，而星占学是迷信。星占学将天象用于占卜，比如预测命运、关联星座与人的性

鸡鸣山钦天监观象台图

格等，其形成与天文学早期的发展过程有一定关联，因而被许多人误会为是天文学的一部分。

天文台不是气象台。这是公众普遍容易混淆的一组概念，其背后有一定的历史原因。在古代，天文和气象往往是混在一起的。古代所称的"天象"除了表示天文现象外，有时候也指气象。中国历朝历代都有专门的天文机构（如明清时期的钦天监），除了观测天文外，也兼管气象的观测。西方的"observatory"也类似，既可以指天文台，也可以指气象台。

第二节　市民身边的天文台

每天清晨，当阳光从东方向南京城播撒开来的时候，最先照见的就是紫金山的山头。紫金山卧居于千年古城的东北，自玄武湖的岸边拔地而起，雄踞一方，形态美奂，气度巍峨，隐约中正有"龙蟠"的意境。在南京这座丘陵城市里，并不算高的紫金山即为最高山峰，它每天第一个迎来日出，最后一个目送日落。

南京城自古有"龙蟠虎踞"之称，东边有龙蟠路，西边有虎踞路，北边有玄武湖，南边还有朱雀桥。这种"左青龙，右白虎，上朱雀，下玄武"的命名法则，其实源自中国古代的星空体系。南京城里这几处地理名称，恰与中国古代的天文学有密切的联系。

紫金山在南京可算是位于"东方青龙"的位置。紫金

紫金山日出

中国古代四象图

山是宁镇山脉的一部分,东西长约 7 千米,南北宽约 3 千米。如果由南朝北望过来,紫金山略呈朝南开口的弧形,可以明显分辨出几个主要的山峰:居中最高的是北高峰,东边的山头是小茅山,西边的山头是天堡峰。

北高峰海拔约 448 米,是整个南京市的地理制高点,也是宁镇山脉的最高峰。紧挨它的西边也有一座山头,叫头陀岭,海拔略低。小茅山与北高峰之间有一处山头,即中茅山,其山南麓即为中山陵。孙中山先生的灵柩于 1929 年 6 月 1 日奉安于此。

天堡峰海拔只有 267 米,是离城区最近的山峰,在此俯瞰,整个南京城可尽收眼底。历史上,太平军曾占据天堡峰,利用这里的险要地形设立要塞,协助南京城防,但

远眺紫金山:民国时期,从南京城内向北远眺紫金山。正中是最高峰北高峰,其左侧紧邻头陀岭,左(西)侧较远处为第三峰天堡峰

天堡峰紧邻南京市区的玄武湖方向

最终被湘军所攻克；辛亥革命时期，张勋所部清兵也曾占据天堡峰，在此负隅顽抗，对峙江浙联军，最终也湮没于历史洪流中。

"紫金山"这个名字始于东晋初年。传说元帝渡江时，发现山顶有紫金色的云彩缭绕，因而称此山为"紫金山"。实际上是岩石成分的原因，在夕阳斜照之下，紫金山从某些角度看去，确有微红的"紫金"色彩。

每天凌晨南京城醒来的时候，紫金山里大大小小的山道上早已经聚集了晨练的市民。天堡峰距城区最近，来这里锻炼的市民最多。熙熙攘攘的人群中，时不时会出现几个固定的身影，一段时期内每天登山、下山，几乎从不缺席。日子久了，一批旧常客渐渐淡去，一批新常客又悄然出现。就像天上的星星，有的落下去，有的升起来，可漫天的星星看起来总是那样多。就这样，一年一年秋去，一年一年春来，山川依旧、物是人非的剧情在登山路上不断演绎着。

曾经有那么几年，一大早登山晨练的人群会迎面遇到一位八十多岁的老太太。老人家满头白发，精神矍铄，步履算不上轻盈，但也足够稳健。她已经自山头返回，正在下山，一路上不断与冒着热汗向上攀登的游客迎面相会。大家也不必打招呼，每天固定的相见就是最好的问候。

天堡峰的登山道路，起自山脚下的索道站附近，出太平门向东约1000米即到。此处有历史地名"地堡城"，因为在太平天国时，这里曾经筑有一处城堡；还有个俗称叫"龙脖子"，因为紫金山作为一条蟠龙，龙头朝东，为紫金山主体，龙身和尾巴一直向西延伸到南京城内，忽隐忽现，

游人络绎不绝的盘山路

现身处则隆起为富贵山、清凉山等小山岗，而龙身与龙头之间，自然就是龙脖子。

从地堡城到山顶天堡峰的道路，长约2000米，高差大约200米，不算太陡。道路风格独特，铺设得十分讲究：路面用巴掌大小的石片铺就，中间还铺有两列平行的条石，

天文台路大弯处的石墩

条石路面各自宽 70 厘米，间距也近 70 厘米，正好可以承载汽车在上面行驶。条石嵌在石片路面里，随着道路延伸开去，让道路看起来层次丰富、格外美观。

路是盘山路，蜿蜒曲折。从山脚向上，一路上有几个特别显著的回头大弯，熟悉的市民能依次叫出它们的名字：五号弯，四号弯，三号弯。到了三号弯，也就快到山头了。几个大弯所在的地方，路边建有围栏。围栏以几十座厚实的石墩辅以粗壮的铁链连接而成，石墩自然也成为游客半途小憩的座椅。

这样一条厚重、曲折的林间山路，沿途 2000 米尽是风光。举目远眺山下的市区：有高低错落的楼房，有车水马龙的道路，还有宽阔的玄武湖，有时还能看到高楼背后时隐时现的长江。沿着道路攀登或者下行的时候，游人仿佛穿行在天界旷野，透过林木间的空隙，不时可以俯瞰脚下的人间烟火。随着道路的弯曲延伸，游人正可以移步换景。从不同角度打量起来，山下的城市也仿佛在整理妆容，变幻出不同的姿态。美景也来自沿途的山谷和树林：有浅草，仲春时野花迷乱；有高木，盛夏时浓荫蔽日；有蓝天，深秋时碧空如洗；有白雪，隆冬时盖满道路。紫金山虽然不高，但气候已然不同，冬天时的雪总比市区的更大一些。遇到雪大的年份，山路边的毛竹和树枝会被压弯，围拢在道路上面，仿佛是枝叶交错的"隧道"。这是游客最开心的时候，他们深一脚浅一脚地踩着积雪，在树枝、竹枝的"隧道"里穿行嬉戏。

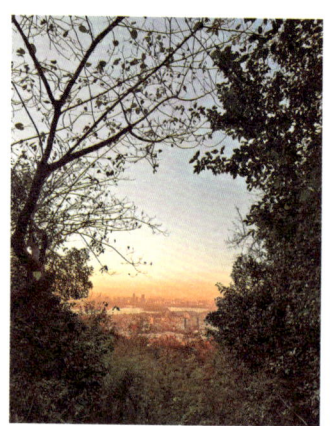

在紫金山的盘山路上可以欣赏南京市景

一年四季，从惊蛰到谷雨，从白露到霜降，路上的游人总是络绎不绝，他们在这条路上不急不慢地走着，享受一天中自在怡人的好时光。与这条山路相伴的，还有游人的歌声。三号弯地形最为开阔，市民将此地当作晨练时集体唱歌的"音乐台"，歌声整齐而嘹亮，一直飘到山头的天堡城上。

就在三号弯往下不远的夹在两列条石之间的路面上，有石子砌成的三个大字，已被岁月磨洗得有些光滑，隐藏在路面里并不惹人注目。偶尔会有特别留意的游客，弯腰站在这三个大字跟前仔细辨认，然后轻轻读出声来："天——文——台。"这条山路叫"天文台路"，它的尽头是一座天文台，叫紫金山天文台，建在紫金山第三峰天堡峰上，建在那位曾经每天登山的老太太刚刚出生的年代里。

山路上镶嵌的"天文台"三个大字

第二章　筑梦钟山　建立紫台

第一节　西山之梦

中国古代天文学本有辉煌的历史，然而当世界天文学进入近代，中国天文学开始放慢前进的步伐，在之后的几百年间与世界的差距越拉越大，及至晚清时期，与西方世界已有天壤之别。

中国引入西方的现代天文学，始于洋务运动的推动，以及西方传教士服务于宗主国殖民统治的需要。此后，由海外留学归来的天文人才作为主要力量创立了中国的现代天文学。

20世纪初期，中国社会的变革不可避免地波及了天文学。辛亥革命推翻清朝统治之后，原清朝的皇家天文机构钦天监被北洋政府的教育部接管，于1912年成立中央观象台。经教育总长蔡元培举荐，高鲁出任中央观象台首任台长。

1869年的福建马尾船政学堂

1896年江南水师学堂的学生在校内合照

这两所学校都设有天文学相关的课程

青年时期的高鲁

高鲁于1877年5月16日出生于福州长乐县的一个文人家庭，1947年6月26日在福州逝世。

高鲁幼年即进入马尾船政学堂学习航海和法语。1905年被选派到比利时布鲁塞尔大学学习工科，后来取得博士学位。他在留学时，对天文学产生了浓厚的兴趣，并潜心钻研，为日后参与并开创中国现代天文事业奠定了重要基础。

高鲁生活在晚清到民国的变革时代，除了对科学的兴趣外，他还热衷政治、关心革命。1911年，高鲁回到国内。孙中山在南京就任临时大总统后，高鲁担任临时政府秘书兼内务部疆理司司长，由此踏入政界。

20世纪初的北京古观象台，后来成为北洋政府的中央观象台

中央观象台编制的第一本历书　　中央观象台创办的天文期刊《观象丛报》

　　高鲁为了天文事业，一贯求贤若渴。在中央观象台任职期间，他先后将蒋丙然、陈遵妫、陈展云等专家罗致帐下，组建起天文人才队伍。

　　此后，高鲁在中央观象台创办了天文期刊，又于1922年10月30日创立了中国天文学会。1921年，中央观象台接收德国归还的浑仪等中国古代天文仪器，予以妥善保管，并向民众开放展览。此外，中央观象台还在1924年从日本人手中接管了青岛观象台。

　　高鲁在中央观象台时期，还有一个壮志，就是筹建一座现代天文台。作为当时的国立天文台，中央观象台却没有可用的大型现代天文仪器，设施甚至远远比不上其接管的青岛观象台。建立一座现代天文台，让中国步入世界现代天文学之林，是以高鲁为代表的一代中国天文学家们的夙愿。

中国天文学会于1937年7月在青岛召开年会

中央观象台天文与气象观测场中只有小型望远镜

　　北京地区晴天较多，气候比较干燥，且周围不乏高山峻岭，具备建立天文台所必需的气候与夜天光等条件。高鲁与蒋丙然多次前往西山等地勘察选址，并着手制订天文台建设计划。可是，当时的政治环境与时代条件，根本无法支持他们实现这个宏伟的理想。

西山之梦虽未实现，但影响深远。这个梦想一直深藏在中国现代天文学先驱们的心里，多年之后，终于在紫金山变成了现实。

第二节　缘定钟山

20世纪20—30年代，欧美国家处于第一次世界大战和第二次世界大战之间相对平稳的时期，科学也得以较快发展，国际天文学界正以广义相对论、恒星大气、造父变星、河外星系等为研究热点。同时期的中国，却依然山河破碎，动荡不安。1927年4月，新的国民政府在南京建立，随后北洋政府被推翻。

随着国民政府在南京成立，一批中央政府机构相继在南京建立，许多政界、科学界的重要人士纷纷投奔而来。蔡元培应国民政府之邀，担任教育行政委员会主委，高鲁作为蔡元培旧部，追随其来到南京，任教育行政委员会秘书一职。

南京国民政府新成立的机构中，有一个"中华民国

1921年爱因斯坦等人在美国叶凯士天文台40英寸折射望远镜前留影

1927年4月国民政府定都南京

蔡元培与杨杏佛，中央研究院成立后分别任院长与总干事

大学院"，这是前所未有的。其成立于1927年10月，是掌管全国教育行政与学术研究的最高机构，取代了原来广州国民政府时期的教育行政委员会（相当于教育部）。大学院成立后，随即于1927年11月20日建立其最重要的部门——中央研究院。蔡元培任大学院院长，兼任中央研究院院长。

中央研究院规划设立几个研究所、一个自然历史博物馆以及一个观象台。后来还筹划设立劳动大学、图书馆、博物馆、美术馆等国立学术机构。这个观象台后来演变为天文研究所与气象研究所。1928年，国民革命军北伐推翻北洋政府后，这两个研究所于1929年5月联合派员赴北平接管了中央观象台，撤销其机构，在原址上以"一套人马、两块招牌"成立了"国立天文陈列馆"和"北平气象测候所"。

陈遵妫，先后在中央观象台、天文研究所、中科院紫金山天文台工作。1955年负责筹建北京天文馆，并任首任馆长。著有《中国天文学史》等

大学院制度施行一年有余即被撤销，又重新回到教育部的体制中。原属大学院的中央研究院，则在1928年4月独立出来，更名为"国立中央研究院"，直隶于国民政府，级别与经费都高于教育部，仍由蔡元培担任院长。

在中央研究院设立的机构中，观象台筹备委员会最早成立。观象台下设天文、气象二组，分别由高鲁与竺可桢负责。高鲁还从北京的中央观象台邀来陈遵妫、陈展云等专家加盟中央研究院的观象台。

在1927年11月20日的中央研究院筹备大会上，高鲁向大会提交的议案《建国立第一天文台在紫金山第一峰》获得一致通过。国民政府随后向中央研究院下达指令，指

示立即筹建紫金山天文台。

大学院成立后,暂设在南京城中心的成贤街57号院内(法制局旧址)。观象台筹委会于1928年元旦开始与大学院在同一个大院办公,占据着院内西花园的三间小屋。当年的南京,全然不是今天高楼林立的景象,那时候站立在西花园的高鲁,抬头即可望见位于南京城东北边上的紫金山。回想当年,在北京西山未能实现的现代天文台之梦,面对"造化钟神秀"的紫金山,想必高鲁一定是"荡胸生层云",只盼着现代天文台之梦能早日实现,到那时,中国的天文学家们方能"会当凌绝顶,一览众山小"。

如果在南京附近建设天文台,无疑属紫金山条件最佳,首选自然是其最高峰——北高峰。高鲁带领陈遵妫和陈展云进行实地勘察,从紫金山南麓的紫霞洞出发,徒步攀登于荒草乱石之中,一直登上紫金山的最高峰——北高峰。一路勘察之后,高鲁认为山顶一带是建立天文台的理想之地。为周全起见,高鲁还安排陈遵妫、陈展云进一步勘察紫金山第三峰等地。之后高鲁又两次登上紫金山第一峰,进一步查看地形。

有了实地勘察的资料与感受,高鲁的建台构想便丰满起来。他设想,将来要在山上建立一个紫金山观象台,作为天文、气象两个部门的总部,并用于天文观测;此外,在城内再建一个气象测候所,用于观测南京城的气象。高鲁把他的建台规划《紫金山观象台组织系统表》刊登在《中

紫金山与北极阁（鸡鸣山），分别成为紫金山天文台和气象研究所的所在地

国天文学会会报》第四期上。

观象台的选址已经胸中有数了，高鲁又为气象测候所找了个"家"——市中心的鼓楼。他通过与南京市政府协调，以中央研究院的名义接收了鼓楼公园，随即进行了修缮和简单改造。改造后的鼓楼，还刷上了"鼓楼测候所"五个醒目的大字。

然而，对于气象组未来的办公场所，竺可桢早就另有计划。他已着手接收钦天山（鸡鸣山）以及山上的北极阁，作为未来气象研究机构的永久之地，并于1928年12月在此建成气象台。站在气象组的角度来看，竺可桢的规划自然也有他的道理。

1928年2月，当时仍然隶属于大学院的中央研究院

鼓楼测候所：被高鲁改成"测候所"的鼓楼，后来成为天文研究所的临时办公地

气象研究所建在北极阁

考虑到天文、气象两个组各自相对独立的发展需要，便撤销了观象台筹备委员会，将其改组为天文、气象两个独立的研究所，分别由高鲁、竺可桢担任所长。至此，中央研究院天文研究所正式成立。

但此时的鼓楼已经修缮完毕，总不能弃之不用。于是，

中央研究院总部，现中科院南京分院所在地。天文研究所是中央研究院最早的几个研究所之一

在 1928 年 3 月，高鲁将天文研究所迁入鼓楼，临时办公。"鼓楼测候所"几个大字，用孙中山语录粉刷覆盖。高鲁随后还聘请在青岛市观象台负责天文工作的高平子，担任研究员兼秘书。

高鲁满怀信心，加快了筹建天文台的步伐，并同时组织开展了登山公路的设计和天文台建筑的初步设计。高鲁聘请的建筑设计师李宗侃为他提供了一张初步的设计草图。设计图里的天文台，端庄大气，造型是典型的西式天文台风格，建筑规模也较为可观，将天文台的主要功能都集中于一座体量较大的建筑上。

李宗侃设计的紫金山天文台

就在高鲁为了建设紫金山天文台准备大展宏图时，国民政府突然发来一纸调令，任命其为中国驻法公使。高鲁推却未果，只得从命，并于1929年2月从天文研究所辞任，动身前往法国。

高鲁赴任法国公使一年多后又奉召回国，重回南京。他在赴任法国公使时，还不忘带上紫金山天文台的计划书，以便向欧洲的天文学家求教。此后他虽然一直从政，但对紫金山天文台的建设始终牵挂于心，在困难的时候及时伸出援手。因1931年江淮大洪水，以及"一·二八"事变等事件的影响，正在建设中的紫金山天文台遭遇经费停拨，一时举步维艰。高鲁与蔡元培一道，奔走呼号，力促国民政府及财政部按计划拨款，有力保障了紫金山天文台的建设计划。

高鲁在离任天文研究所之时，向蔡元培举荐了比自己小20岁的厦门大学天文学教授余青松继任所长，接手建造紫金山天文台。余青松亦不负重托，写就了中国天文学历史上两代天文学家传承交接的一段佳话。

第三节 专家建台

余青松是福建人，生于1897年9月4日，1978年10月30日逝世于美国马里兰州。

余青松于1918年赴美国宾夕法尼亚州里海（Lehigh）大学学习土木建筑，1921年获学士学位，之后在一家建筑公司任设计员。本来他也许会一生从事建筑行业，成为著名的建筑设计师，但他1922年又来到匹兹堡大学攻读天文学。获得硕士学位后，又进入加利福尼亚大学，在该校利克天文台完成了出色的研究工作，并于1926年获得博士学位。

余青松

余青松的主要研究领域为恒星光谱，其成果卓著，在国际上享有盛誉。他创立的恒星光谱分类法，在国际上被命名为"余青松法"，并且被写入天文教科书中。他是国际天文学联合会会员，也是英国皇家天文学会的第一位中国会员。

余青松是高鲁的福建同乡，但他们二人早年并未谋面。余青松是通过中国天文学会的会刊《观象丛报》《中国天文学会会报》才对国内天文界的状况有所了解，并与会刊的主办者高鲁建立了通信联系。而高鲁最初了解到余青松其人，是因为他看到国外有天文教材载入余青松的光谱分类法。正致力于创建现代天文台的高鲁觉得余青松是不可多得的人才，也是接任所长的最佳人选。

余青松于1929年7月11日来到南京，第二天从代理所长高平子手中接过了天文研究所所长的职务。

建设天文台这样的现代科研场所，不仅仅是盖座房子那么简单，还有很多方面的问题需要通盘考虑。现在，这些问题全都摆在了余青松面前，要由他来筹划和解决。

余青松遇到的第一个麻烦，就是他发现紫金山并不是一个理想的天文台选址地。

单从科学的角度来说，天文台的建造地点需要满足以下几个方面的条件：一是要有较好的暗夜条件，尽量避免城市灯光的污染。二是每年要有足够多的晴夜天数。三是要有较好的大气宁静度，也就是说，大气的抖动越小越好。文学作品中常用"眨眼睛"来形容星星的美丽，但对天文观测而言，星星之所以眨眼睛，是因为此地大气抖动较为剧烈，成像不稳，不利于天文观测。四是要有较好的能见度，简单来说就是要求大气较为干净，水汽含量越小越好。

1900年的利克天文台。余青松曾在此求学。天文台的建造地点，对夜天光、气候等都有一定的要求

民国时的南京地图，紫金山与主城区近在咫尺

如果逐条对照这些要求，紫金山确实不算一个优良台址。

紫金山距离南京城简直近在咫尺。即便在民国时期，南京的夜晚虽远称不上灯火璀璨，但城市的灯光已然成为天文观测中的不利因素。南京的气候条件则更为不利，湿润多雨，一年之中通常只有 100 天左右的晴夜，极端的年份甚至只有六七十天的晴夜。

面对这样的状况，余青松不免感到失望。作为那个时代中国的天体物理学先驱，他原本希望能建立一座现代的天文台，配置世界一流的大型天文望远镜，开展最前沿的天体物理方面的研究工作。可面对这样的现实条件，他觉得必须要重新考虑天文台的选址地。

余青松设想应该远离南京，到荒僻而有高山的省区，完全从科学的角度来选择国立天文台的台址。可当他提出自己的主张时，却遭到许多政要的强烈反对。

对于新成立的国民政府来说，在首都建立一座现代化的国立天文台，不仅仅是科学上的需要，还是背后的政治需要。这种政治上的需要，既体现于科学机构的象征性，也体现在宣传、外交、民众科学教育等实际用途方面，事实上也有一定的合理性，并不能完全理解为表面文章。科学上的需要和政治上的需要，有时是彼此分明的，有时却是相互糅合的。

余青松被迫放弃原来的设想，另外提出一个折中方案。他的新计划是，先在南京建造紫金山天文台，作为天文研究所的总部所在地，配置的仪器应当规模适度，与南京的观测条件相符。日后在其他观测条件更好的地方另寻一处台址，再建一座天文台，专门用于开展天体物理方面的观测和研究，并计划配置口径100厘米左右的反射式望远镜，那将是当时世界一流的天文设备。

余青松的新方案得到了蔡元培、杨杏佛等人的赞同和支持。决心既定，余青松便准备沿着高鲁之前的规划，在紫金山的最高峰建设天文台。然而天有不测风云，这个最高峰的选址规划又突遭变故。

在孙中山先生奉安于中山陵之后，国民政府于1929年7月组建总理陵园管理委员会，以孙科为主任委员，负责陵园的护卫，并管理整个陵园区域（即整个紫金山地区）的工程、园林等事务。对于紫金山天文台的建设，管委会也是审核与管理机关之一。

就在余青松准备在第一峰建造天文台时，总理陵园管理委员会却发来通告，不同意在紫金山第一峰的南坡修筑道路。管委会的解释是，在山间开凿道路会破坏中山陵的形象和周围的风景，因此建议改在主峰的北坡修建道路。

相比于南坡，紫金山的北坡更加陡峭、地形更加复杂，从北坡修筑上山公路，不但技术

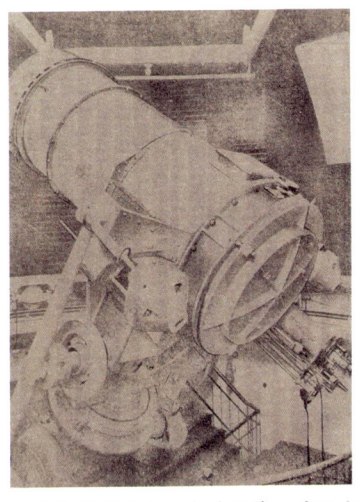

余青松设想在南京之外再建一座天文台，并配置口径100厘米的大型望远镜

民国时期紫金山南麓的中山陵

紫金山天文台最初规划建在图中右上角的最高峰，后来改在第三峰天堡峰

难度会加大，耗资更会陡增。天文台的建造费用本就捉襟见肘，道路的变化，也将会导致整体建造费用突破预算。

此时的余青松已经铁定心肠要在紫金山建成天文台。他表现出了壮士断腕的勇气和决心，所断之腕，就是紫金山的最高峰。他决心放弃第一峰，在紫金山另外寻址。

经过再次勘察，余青松重新选定紫金山第三峰——天堡峰作为台址。这座山峰与市区距离最近，无论修路、建造房屋还是今后的使用，都较为便利，山头可用的面积，也比主峰大出不少，可以建造更多的房屋。至于观测条件，虽然比主峰略差一筹，不过余青松既然已有先建台本部、后建分台的设想，天堡峰与第一峰的细微差别也就可以忽略了。来到南京不久即屡遭磨难的余青松，已然痛彻领悟到当务之急是尽快将天文台建成，否则夜长梦多，中国的现代天文台之梦又不知何时才能实现。

工欲善其事，必先利其器。天文台最为核心的设备就是望远镜。考虑到观测条件、未来规划以及财力的限制，紫金山天文台计划装备的望远镜基本属于当时的中等规模。这些望远镜全部需要进口，主要包括口径60厘米的反射式望远镜、口径20厘米的折射望远镜、变星仪、子午仪等。这些仪器之中，为了赶上1933年的国际经度联测，高鲁在任时就已经向瑞士订购了子午仪。

上山道路的勘测设计在1929年10月11日启动。余青松选择的路线是从天堡峰的西侧上山，这条线路不但较为平缓，还便于观赏南京的市容，从近处的玄武湖到远处的长江，整个南京城尽收眼底。这一选择为南京市民留下了一条风光独特的景观山路。

1929年12月21日，当年冬至的前一天，天文台的上山道路破土动工了。动工之后很长一段时间，天公并不作美，连降雨雪。不过余青松的心中想必格外温暖：万事开头难，筹划多年、历经磨难的国立第一天文台，总算迈开

刚刚落成时的天文台路

了第一步，梦想的实现，已经指日可待！

由于选址发生变化，之前的天文台建筑设计方案只得废弃。在设计盘山公路的时候，天文台建筑的重新设计也在同步开展。

1930年上半年，建筑设计的招标公告在京、沪各报上发布。李宗侃工程师、庄俊工程师、基泰工程司事务所三家有意应征，不过李宗侃后期因故退出。天文研究所为应征者安排了实地考察，交代了功能设计方面的具体需求，还特别提醒应征者，陵园管理委员会对于建筑的外观有"中式"的意见。1930年6月11日，当时在鼓楼临时办公的天文研究所召开所务会议，选中了基泰工程司事务所的天文台设计图样。

基泰工程司事务所是当时知名的建筑设计所之一，由关颂声于1920年在天津创办，在宁、沪、穗、港等大城市先后设立过分所。1927年国民政府定都南京后，基泰工程司事务所在南京、上海等地设立分所，在京、沪两地分别面向"首都建设计划"和"大上海都市建设计划"发展事业。建筑大师杨廷宝毕业于美国宾夕法尼亚大学，曾获得全美建筑系学生设计竞赛艾默生奖一等奖。1926年游历欧洲考察建筑，1927年回国后，即应邀加入基泰工程司，成为该司的合伙人和首席设计师。基泰工程司的英文名称"KWAN, CHU & YANG"就是其主要合伙人关颂声、朱彬、杨廷宝和杨宽麟四人姓氏的英文合写。

杨廷宝主持设计的作品遍布全国多个城市，仅在南京一地，就有中央体育场、中山陵音乐台、国民党中央党史史料陈列馆、中央研究院、中央医院、金陵大学图书馆等。他的建筑作品沉稳大气、典雅内敛，历经时间的考验非但不显陈旧，反倒愈发溢彩流光，成为当地城市的文化灵魂及传世经典。紫金山天文台的建筑过程，也留下了杨廷宝先生艺术才华的印迹。

建筑大师杨廷宝

基泰工程司在这一轮招标中提交的方案，是两幢端庄大气、造型美观的西式建筑。一幢是主体建筑，为天文台本部，科研工作所需的观测室、办公室、会议室、图书室、实验室、暗房、修理车间等，均安排在其中。主体建筑还根据天文研究所的工作规划，在顶部设计了三座圆顶室，可用于安置大小、性能各不相同的三架望远镜。在主体建筑正前方的山坡下，依山势而另设有一幢体量较小的附属建筑，为职员宿舍，由三座小楼前后组合而成，并沿着山体逐层叠加。这两幢建筑从正面看去，浑然一体，宛如合二为一；从侧面看来，错落有致，恰似珠联璧合。

陵园管委会曾申明：天文台的建筑最好设计成中式风格，以便与整个陵园景区协调一致。可问题是，带有先天"西式基因"的天文建筑，很难与传统的中国建筑元素相

东方文化符号

杨廷宝设计的紫金山天文台——正面

杨廷宝设计的紫金山天文台——侧面

融合。基泰工程司与余青松共同商讨对策，再三考虑之后，决定在主建筑的入口处增设一座中国牌坊式的结构，并在屋檐、屋顶栏杆等处融入明显的中式元素。这样设计出的造型，虽然一眼望去还是西式建筑的总体格局，但也增添了不少中式风味，不但不显生硬，反而别具一格。这个设计方案得到了陵园管委会的赞同，也通过了中央研究院的审核。

经历了选址阶段和设计阶段的各种坎坷与考验，天文台总算进入了施工建设阶段。仿佛上天有意要对这些中国现代天文学的先驱者们"劳其筋骨，饿其体肤"，施工建设阶段仍一如既往的并不平顺。除了施工中遇到各种波折之外，还时逢日军侵华、江淮大洪水等灾难，政府对国家机关的事业经费能砍则砍，天文研究所的财政危机更是雪上加霜。

好在建造国立第一天文台也是一件得道多助的事情，不但"老领导"高鲁在关键时刻挺身而出，奔走呼号，蔡元培也出面鼎力相助。他们向国府、财政部催要原定的拨款，并向中华文化教育基金会募集捐款。经过各方的关怀相助，国立第一天文台终于修成正果。

不过天文台的建筑方案，却因为经费困难不得不加以调整，改为分期建设，先建子午仪室、临时赤道仪室（小赤道仪室）和临时宿舍（兼作办公室）。天文望远镜最常见的装置方式包括赤道式和地平式两种，这个赤道仪室里面打算购置的是赤道式望远镜。

为了节省经费，天文台所有建筑的建造都采取点工制。就连建筑的外墙，都是采用就地取材的虎皮石，虎皮石不但坚固耐用，还与山上的环境和谐一致，宛如天成。这是余青松的一个神来之笔。

尽管如此精打细算，但随着经费状况的每况愈下，天文台的建造计划被迫再度调整。最终确定下来的建造程序是：除了原来基泰工程司设计的子午仪室已经如期建成，原先规划的天文台本部则予以取消，这座建筑里的三个天文观测室，改为另行单独建造的大赤道仪室、（小）赤道仪室，还有一个不再建造；另外，建一座体量缩小的天文台本部；原来基泰工程司设计的三联式员工宿舍，也缩小规模，改为独立的两栋宿舍楼；此外还有变星仪室和门房两个小建筑。

大宿舍，天文台落成时，建筑均采用虎皮石外墙

经过这样一番改动，天文台的建筑数量有所增多，但每个建筑体量都不大，比最初的方案要零散。这样的好处是可以灵活安排，根据需要的轻重缓急和经费的情况来逐个建造。但同时也导致天文研究所要重新布局和设计建筑，事多且杂，愈加辛苦。

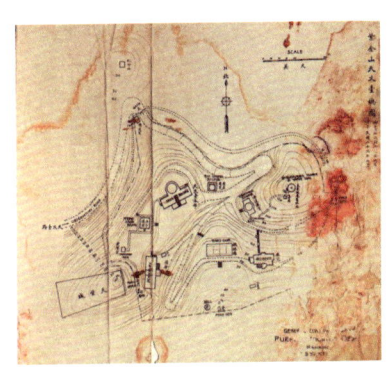

余青松在此时变身为建筑师，发挥自己早年留美所学知识，亲自绘图设计。这不但省下了设计费，还省去了与建筑师沟通的环节，因为余青松对于建筑如何满足天文工作的需要可谓轻车熟路。天文台后来落成时，除了子午仪室采用基泰工程司的方案，天文台本部在基泰工程司的设计基础上加以修改外，其他建筑全部为余青松亲自设计。

紫金山天文台初建成时建筑布局地图

子午仪室是第一个开工并建成的建筑

整个天文台的建设工程在 1934 年 8 月告一段落，大部分建筑都已落成，观测设备也基本安装到位，

两座宿舍之一的东宿舍，又称小宿舍　今天的小宿舍（东宿舍），余青松曾在此居住

并完成调试校验。除了几座观测建筑，还先后建成了两座宿舍楼（分别称为东宿舍、西宿舍）和门房，建成了较为完善的供电线路、储水设施（用水车运水到山上，储存在东小峰的水塔里）。此外还清理了历史上多次作为战场的天堡城，将其开辟为供市民游览的山顶公园。

1934年9月1日，天文台落成典礼隆重举行，紫金山天文台由此闻名于世。从1934年年初开始，天文研究所就陆续开始从鼓楼搬迁，将借用6年多的鼓楼交还给南京市政府，由南京市教育局所属的首都实验民众教育馆接收使用。

对于当时积贫积弱、内忧外患的中国来说，建设这样一座天文台，不仅是中国科学界标志性的重大事件，对整个国家而言也足以载入史册。国民政府对紫金山天文台的重视，从几座建筑的题字即可见一斑。天文台本部中式牌楼的门头上，刻有国民政府主席林森落款的"天文台"三个大字；而几座建筑奠基碑的落款时间特意选择了富有天文意义的"二分二至日"，即中国传统二十四节气中的春分日、秋分日、冬至日和夏至日。

天堡峰最高处的天堡城遗址，在天文台落成后修建为山顶公园

今天的天堡城

子午仪室奠基碑的碑文,由时任中央研究院院长蔡元培手书,至今保存完好。

小赤道仪室奠基碑的碑文,由戴季陶手书,至今保存,可惜戴季陶的名字因被磨损,已不可辨认。

天文台本部是紫金山天文台的标志性建筑。其奠基碑的碑文,原为汪精卫手书,后损毁。1984年9月紫金山天文台建台50周年庆时,时任紫金山天文台名誉台长的张钰哲先生按原碑文重书。

变星仪室奠基碑的碑文,原为于右任手书,后损毁。现存碑文系1984年9月紫金山天文台建台50周年庆时,时任中国科学技术大学校长严济慈先生按原碑文重书。

四座观测室和办公建筑,两座宿舍,一座门房,这七座建筑至今留存完好。国立紫金山天文台的旧址在1996年被列为全国重点文物保护单位。

天文台中式牌楼上"天文台"为国民政府主席林森落款

这座中国国立第一天文台,从最初高鲁在北京西山勘察筹划,到选址于紫金山,继而由余青松承接重任,历经曲折磨难,终于梦想成真,这是整个中国天文学界

紫金山天文台子午仪室奠基碑，蔡元培题写

紫金山天文台赤道仪室奠基碑，戴季陶落款

紫金山天文台大台奠基碑，张钰哲按原碑文重书

紫金山天文台变星仪室奠基碑，严济慈按原碑文重书

的一大盛事。这个由中国人自己建造的第一座现代天文台，蕴含了时代的苦难、民族的坚毅、科学的精神。曾经在古代辉煌灿烂的中国天文学，曾经在近代远远落后于世界的中国

天文学，从这一天起正式迈入现代天文学的行列，开始追赶世界天文学的前沿，准备恢复自己的光荣之路。

第四节 建筑群落

在紫金山上建成的国立第一天文台，是一座艺术级的天文台。"艺术"二字，不仅体现于其在中国乃至东亚

建成之初的紫金山天文台全景

今天的紫金山天文台

的天文学地位，还体现于这座天文台在设计和建造上的精妙。

子午仪室

第一个落成的观测室是子午仪室。它是一座平房，建筑面积大约110平方米，另有地下室。子午仪室为正方造型，正南北朝向，东西两墙正中各开了一扇大门。房子的四角分别隔成一个很小的小间，用于存放设备或办公；房子的中间是宽敞的大间，里面安置子午仪，用于观测。

子午仪室的得名，是因为其中安置的望远镜叫作子午仪。这是一种特殊种类的望远镜，它并不是用来观察头顶上任何方位的天区，而只用来观察子午线范围内（正南北方向上）的恒星，借以测定经纬度、测定时间等。

为了配合子午仪的观测需要，子午仪室的天窗是在屋顶设置的正南北方向的长方形天窗，贯穿整个子午仪室的顶面，跟一般观测室的圆顶式天窗迥然不同。

子午仪室建成时装备的子午仪，又称"大子午仪"，口径135毫米，属于同类仪器中较大的。侵华日军攻陷南京时，这架子午仪未能被天文研究所带走，战后在中方尚未接手之际，被窃贼盗走。现在安置在室内的两架子午仪，是后来购置使用的，目前作为展品陈列。

子午仪之所以能测量时间，原理很简单：子午仪的镜筒指向天空，可以想象为手表的指针；夜空中的恒星，可视为表盘上的刻度。这个天然手表与我们普通手表的不同之处

刚落成时的子午仪室

今天的子午仪室

在于：它的"指针"是固定不动的，而"刻度"则围绕指针不停转动。镜筒指向不同的恒星，即代表不同的时刻。当然，这是就基本原理而言，实际测量时间的方法要复杂许多。

子午仪室建成时装备的"大子午仪"　　现今紫金山天文台的一架子午仪

赤道仪室

第二个建成的观测室是赤道仪室。这座建筑为一栋二层楼房，其主体其实也是一座平房，二层只在正中有一座圆顶观测室，总建筑面积140平方米。

赤道仪室的一楼隔为三间。中间的厅室里，有直径将近1米的圆形立柱，直通二层的圆顶室。这个立柱在天文建筑里有特别的用途，用于支撑圆顶里的望远镜，防止望远镜受到震动而影响观测。围绕着立柱，有一个盘旋式楼梯，非常狭窄，仅供一人盘旋而上，进入到圆顶室内。一楼左右两侧的房间，可供办公、设置仪器。

顶部的圆顶室直径5.5米，建造材质是木材和油毡，质地轻盈，可以直接手动开启和转动。圆顶室里面安置了一架从德国蔡司公司进口的折射望远镜，是赤道式装置，因而称为赤道仪。

刚落成时的赤道仪室

如今的赤道仪室，掩映在树木中

  这架望远镜有两个主镜筒，一个用于目视观测，另一个用于照相观测，此外还配有一个导星镜筒。这些镜筒相互平行，都安装在一种叫作赤道仪的机械装置上。

  天文望远镜根据光路结构，可分为折射望远镜、反射望远镜和折反射望远镜。而如果从基架的角度分类，主要分为地平式望远镜和赤道式望远镜。赤道仪室的这架望远镜，全称是赤道式折射望远镜。

这架望远镜晚上用于观测恒星、行星等，白天配上太阳照相镜，可以拍摄太阳像、研究太阳黑子。这架望远镜在新中国成立后观测太阳黑子时，主要采用投影手绘的方式，将太阳像投影在专用的记录纸上，然后靠人工描绘太阳黑子。

赤道仪室的 20 厘米折射望远镜

赤道仪室建成后，除了在圆顶室里观测太阳黑子，还在一楼东南朝向的房间里开展太阳分光观测。这两项太阳观测工作相互补充，相得益彰。

太阳分光观测，就是把看似白光的太阳光，分解成赤、橙、黄、绿、青、蓝、紫各种不同颜色的光，乃至更精细、更多样的光。这个由各种渐变的颜色连续组成的光带，叫作光谱。在现代天体物理学中，通过光谱可以非常有效地研究太阳和其他恒星的物理性质。

装置在赤道仪室里做太阳分光观测的设备，叫作海尔太阳分光仪。天文研究所在抗战期间西迁至昆明，这套海尔分光镜也被带到凤凰山使用，战后就留在当地。

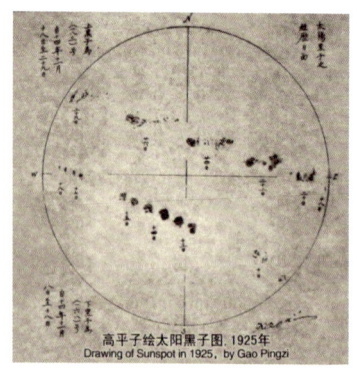

高平子手绘中国第一张太阳黑子图

东南向的房间里还套有一个小隔间,作为冲洗照片的暗房。小赤道仪的观测,以照相方式为主,观测所获的照相底片直接拿到楼下的暗房就可冲洗成像,非常方便。在那个年代,照相观测是最为先进的天文观测方式。

赤道仪室小巧精致,功能完备实用。这是因为所长余青松参观爪哇岛上的茂沙天文台后受到启发,从而有此独具匠心的设计。

天文台本部

第三个开建并落成的建筑,叫作"天文台本部",简称"大台",是一座三层建筑,总建筑面积640平方米,第三层是圆顶观测室。这座建筑里包含的观测室,叫大赤道仪室,里面安置的赤道式反射望远镜从德国蔡司公司购置,口径60厘米,远大于赤道仪室的20厘米望远镜,因此得名"大赤道仪"。而赤道仪室也相应地被称为"小赤道仪室""小台"。大赤道仪室实际上是先单独开建的,比这座建筑的主体部分更先建好,也比小赤道仪室更早建成。

天文台本部面朝东南,利用地形高差依山而建。山上地形复杂,回旋空间小,天文台里许多建筑不得不紧靠山

大赤道仪室是天文台本部的一部分，单独先建成

大台60厘米反射望远镜　　大台望远镜现在已作为展品陈列

天文台本部，又称大台，是天文台的主建筑

今天的大台

体而建。这幢建筑集办公、研究、观测等功能于一体，从"本部"这两个字也可以看出，它是整个天文台的中枢机关，位置也在当时整个园区的中心。

天文台本部最初由基泰工程司杨廷宝设计，规模较为宏伟。后来，中央研究院的经费大为缩减，天文研究所的建台方案被迫调整，受影响最大的就是天文台本部这幢建筑。

　　天文台本部重新设计之后，在结构上分为前、中、后三段，这三段实际上紧密连接，浑然一体。

　　前段（东南方向）为工友房，是两间方方正正的单层平房，被一座室外楼梯分隔在左右两侧，是按照研究员李铭忠的提议而设计的。

　　中段为"一字台"，是一座二层楼房。这部分如果单独拿出来看的话，形状是规规矩矩的长方形，因此被形象地称为"一字台"。它后方背靠约3米高的山体，因而其第一层近乎为半地下室，采光和通风条件都比较差，主要用作储藏间、维修间等。第二层由一排房间和一条走廊组成，房间全都面朝东南，通风、采光俱佳。本部的主要功能就体现在这6个房间里，包括所长室、办公室、会议室、图书室等。

　　后段为大赤道仪室，是座圆柱状的三层建筑。这座圆柱形建筑连接于"一字台"走廊的中部，

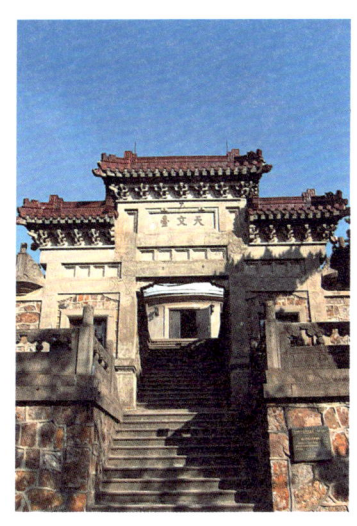

大台中式牌楼

并向走廊里稍稍嵌入一些。大赤道仪室室内的正中是粗大的立柱，与赤道仪室的立柱一样，是承载望远镜的圆柱体砖砌基墩。大赤道仪室的第三层为一座直径8米的圆顶观测室，圆顶主要用铜制成，厚重坚固，靠电机驱动。

整个建筑前方的正中间，有水泥的室外台阶，起自两间工友室的中间，从地面向上、向后延伸，一直通往第三层的圆顶观测室的大门口，宛如嵌在山门间的石阶。这个室外台阶的正上方，建有一座中国传统式样的高大牌楼，琉璃瓦覆顶，蔚为壮观。天文台本部原本设计为西式风格，可是这座中式牌楼不但不显得突兀，反而与大楼浑然一体，成为整幢建筑最鲜明的特色。

天文台本部这座建筑，别称"大台"，气势雄伟而不压人，威严之中更显亲切之感。既有庄重沉稳的科学风格，也不乏精巧别致的艺术气息。它是世上仅有的具有鲜明中式风格的天文台，是整个紫金山天文台最具特色的代表性建筑。

大赤道仪望远镜最初主要用于恒星的分光观测。新中国成立后曾用于小行星观测、恒星观测等。

德国蔡司公司以紫金山天文台为例，宣传其60厘米反射望远镜

大台 60 厘米望远镜出厂前，在德国蔡司公司的车间里

1955年1月20日夜，紫金山天文台台长张钰哲和他的学生张家祥，用这架望远镜发现了一颗小行星，后来将它命名为"紫金一号"，这是中国人在中国的土地上发现的第一颗小行星。之前中国人发现的第一颗小行星，是张钰哲于1928年在芝加哥大学叶凯士天文台发现的。

变星仪室

观测室里第四个也是最后一个落成的，是变星仪室，建筑面积120平方米。

变星仪室从外形上看是个正方形高塔，边长只有5米左右，顶部有一个圆顶观测室，直径4米。变星仪室在结构上可以看作是四层，最下面的一层是个半地下室，北面有窗，其他三面紧挨山体。变星仪室的内部，正中是一个高高的方形砖砌立柱，边长大约1.5米，柱内中空。围

变星仪室，天文台里最小的一座观测室，塔式造型

今天的变星仪室

绕立柱的盘旋楼梯，通向楼顶。整个二层就只有环绕立柱的旋梯。三层有个小小的办公室。四层就是圆顶观测室，中间有安置望远镜的基墩，用于安置一架从美国哈佛大学天文台订购的变星仪，仪器于1934年运到并投入使用。

这架变星仪是一种专门用于变星观测的望远镜，不设目镜，专用于照相观测，主镜口径10厘米，另有口径8厘米的导星镜。这架仪器的最大优点是视场较大，一次观测可以拍摄很多颗恒星，观测效率较高。所谓变星，顾名思义就是亮度会发生变化的恒星。变星仪在天文研究所内迁至昆明时被带到凤凰山，战后留在凤凰山天文台。

变星仪室的立柱之所以是中空的，是为了日后另外装置一套太阳分光摄影仪。最初的设计是在顶部的圆顶观测

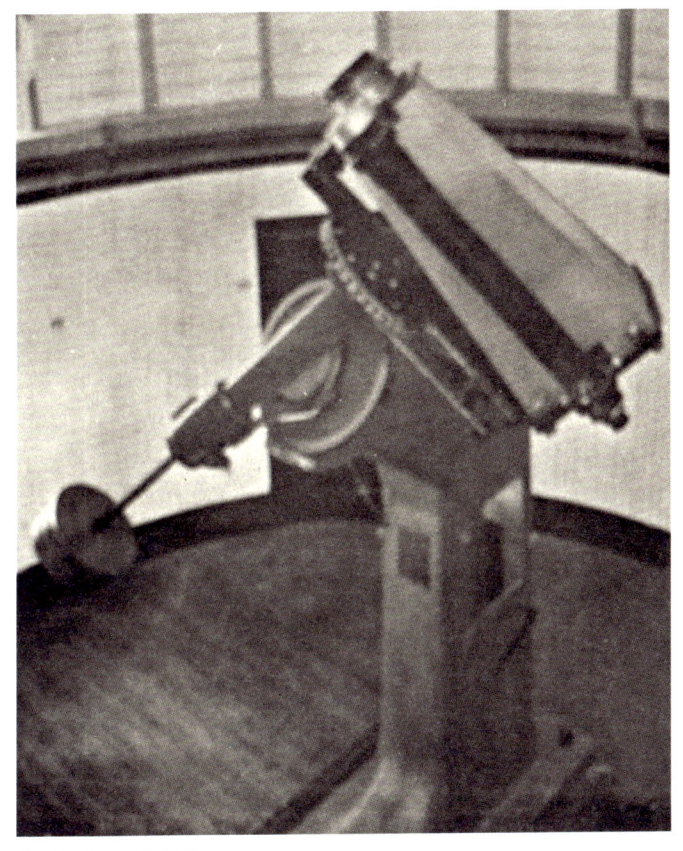

变星仪室里的变星仪

室里用望远镜取得太阳图像,通过中空的立柱传到一层的暗室里,在这里安装分光仪器,对太阳像进行分光研究。这相当于把赤道仪室的那一套"横着"装置的太阳分光系统,在这里改为"竖着"装置。从变星仪室特别的塔式造型,以及这个观测规划来看,变星仪室很有可能是被当作中国第一座太阳塔来设计的,只是后来受到战事影响而未能实现。

第五节 古仪南迁

天文研究所在建造天文台的时候,几位明朝和清朝的"贵宾",也在天文台里安家落户。

北平国立天文陈列馆(原中央观象台)作为明清时期钦天监的天文台,存有十多件古代天文仪器,如明初铸造的浑仪、简仪、圭表,以及清代铸造的天体仪等,它们是中国古代天文仪器的代表,殊为珍贵。

随着日本帝国主义全面侵华的意图日益明显,国民政府决定将北平的文物陆续南迁。在此背景下,中央研究院要求天文研究所将北平的古代天文仪器搬迁到南京紫金山上。

《日月合璧五星联珠图》局部,图中的北京古观象台是明清两代的钦天监观象台

留在北京古观象台没有南迁的天文仪器

最终运到南京的古仪器,包括浑仪、简仪、圭表、天球仪(天体仪)、地平经纬仪,以及两只漏壶,共计7件。由于时局混乱,交通条件有限,这批古仪器运送到紫金山的历程颇为曲折艰难。

1933年5月,天文研究所研究员李铭忠奉派来到北平国立天文陈列馆后,发现眼前的古代天文仪器多为庞然大物,实在不知该如何搬运。时任历史语言所所长的傅斯年获知这个问题后,立即指示历史语言所帮天文研究所代为运送。后来装运仪器时,选择了放置于观象台台下的浑仪等7件古天文仪器,而置于高台之上的8件古天文仪器,

民国时期南京运输火车的长江轮渡

因为搬运不易只得留在原处。

浑仪、简仪是大件仪器，其本体可以拆卸后装箱，运输到火车站。但是它们各自的底座是个整体，无法拆解，无奈之下，只得采用最原始的运输办法：用横杠垫在它们的下面，靠人力推动，一寸一寸地向前滚动，一直滚动到北京前门的车站。

1933年6月，这批古仪器运抵南京江北的浦口。从浦口火车站到紫金山尚有一段距离，首先要渡过长江，然后再用卡车将这些仪器运送到山上。这两段行程中都遇到了很大的困难。

这批仪器抵达浦口车站的时候，专门运输火车的长江渡船尚在建造当中，无法将仪器运过江，无奈之下，只能将仪器暂存于浦口车站。等到1934年2月轮渡开通，才将它们运至江南的南京车站（沪宁铁路的端点，后来成为南京西站所在地）暂存。

在下关的南京车站说是暂存，实际存放的时间却将近一年，原因竟然是找不到合适的卡车。在20世纪30年代，中国进口的卡车几乎都是载重两吨半的规格，而这批古仪器最沉重的部件是简仪的底座（据测算，至少有三吨半重）。直到1935年1月，才找到一辆载重三吨半的卡车，是导淮委员会在苏北工地的用车，当时送到南京维修，刚刚大修完毕。司机人在外地，其内弟（也会开车）乐得借机承揽生意。

转运当天，天降大雪。古仪器先通过火车运抵太平门车站（其实只是个乘降所，在今天尹刘村附近），再用卡车转运。简仪底座等几个大件卸载非常困难，用时大为延误，倘若再拖延几分钟，就将因为来不及让路而被后来的火车撞上。好在最后关头总算将仪器全部安全地卸到站台。

接下来用卡车转运仪器时又出现了意外。在装运最重的简仪底座时，卡车被压在雪地里难以启动，一番打滑之后，后轮轴的一个零件折断了。开车的司机倒并不很慌，他坐上同来搬运仪器的天文研究所的卡车，熟门熟路地直奔城里的维修厂，半夜敲开维修厂的大门，买回零件，装好后再次开动卡车。

卡车行至半路要经过一座木桥，不料，桥栏杆挡住了庞大的简仪底座。这个底座真是为这批古仪器南迁增加了不少的麻烦！眼看成功在即，总不能最后关头卡在几根木柱上吧。天文研究所的工作人员立刻先开车到山上天文台里，唤醒熟睡中的木工、漆工，把他们连人带工具一起带到现场，锯断三根木柱，让重载的卡车通过，再把锯下的木柱接上，填缝、做油漆，恢复成未曾断过的样子。完工时虽已天光大亮，却幸得大雪庇护，没有一个路人经过，"作案"现场也就未被发觉。

中国最为珍贵的几件古代天文仪器，就这样有惊无险地运抵紫金山上，大部分在1935年春完成安装，分布在几幢观测建筑之间的空地上，只有圭表因基座没有带到南京，数年后另做基座才得以安装。一同运来的两只漏壶则交由中央博物院（今南京博物院）珍藏。至此，现代天文仪器与代表中国古代天文学成就的古仪器汇聚一堂，交相辉映，紫金山一时成为集中国古今天文学大观之地。

天球仪

中国古代的天文仪器，从使用目的上可简单分为观测仪器和演示仪器。观测仪器主要用来测量天体的坐标，而演示仪器则用来演示天体在天空中的位置和运动。天球仪属于一种演示仪器，正如地球仪是以一个球体来演示地球表面的各种地理风貌，如山川、沙漠、河流、海洋等。天球仪就是以一个大圆球来演示天空中日月星辰的位置和运动，也叫"天体仪"。

紫金山天文台里的这架天球仪用青铜制成，上嵌1449颗铜钉，代表恒星及其组成的283个星官，根据观测所得的天文坐标，标记在对应的位置上。诸如北极星、北斗七星、隔河相望的牛郎星与织女星，以及隔开它们的银河等，都被描刻在天球仪上面。天上恒星的数量，当然远不止1000多颗（银河系里的恒星估计有2000亿颗之多），

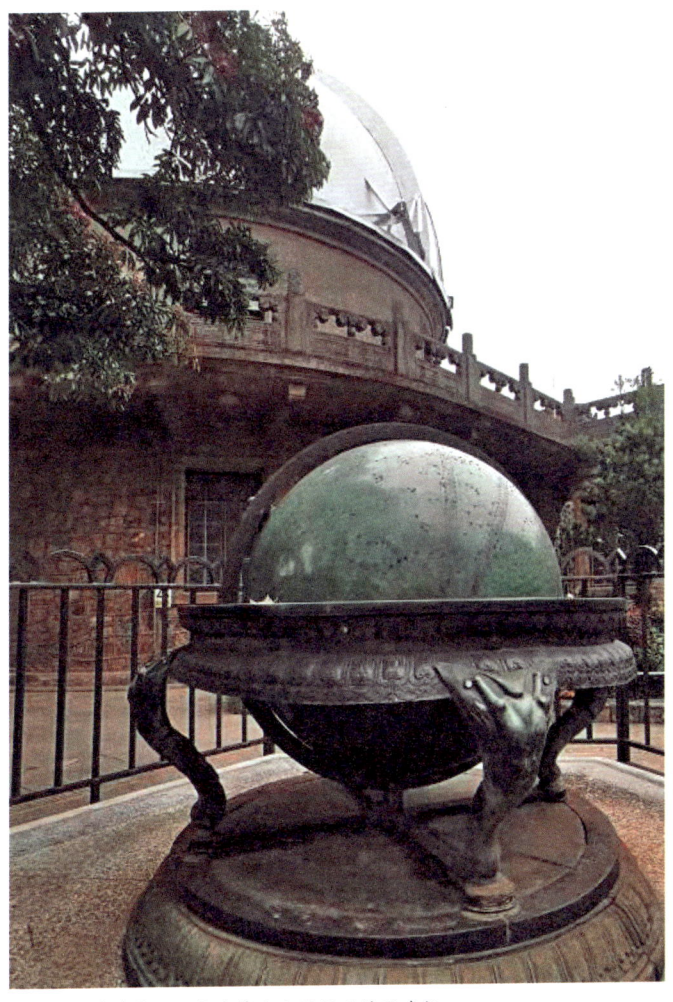

目前陈列在紫金山天文台紫金山园区里的天球仪

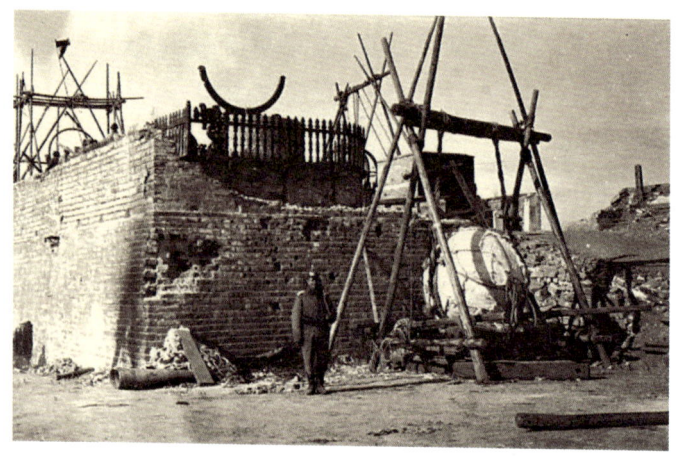

八国联军入侵北京，德、法两军抢掠古天文仪器

天球仪上的这些恒星，代表夜空中最亮的那一部分，为人眼可见。

这架天球仪上还标注了赤道圈和黄道圈。这个赤道圈是天赤道，可以想象为将地球的赤道面无限延展，在天球上割出的一个巨大的圆面。至于黄道圈，就是从地球上看，太阳在一年中"围绕地球"走过的路径。天球仪上的黄道和赤道的两个交点，分别代表春分点和秋分点。

最早的天球仪，可能是由东汉天文学家张衡于公元117年所发明和制造的。紫金山天文台里的这架天球仪制于清末的1903年，1900年八国联军打进北京抢走了原来的大天球仪，当时的清政府重又复制了这架天球仪以供使用，但只有原先的一半大小，因此又名"折半天球仪"。

浑仪

浑仪是一种用于实测的天文仪器。中国古代依据浑天说，将这类测量天体球面坐标的仪器称为浑仪。较早成型的浑仪为西汉天文学家落下闳所发明。

紫金山上的这架浑仪，结构上包括三大部分：底座、支架和主体。这样的构造其实相当于现代的天文望远镜系统：有基座，有支架，有镜筒。只不过中国古代没有望远镜，这架浑仪的窥管只能起到瞄准天体的作用，然后记录下天体的坐标。这架浑仪集成了地平、赤道、黄道三种天文上常用的坐标系统，不过主要还是用来测定天体的赤道坐标。

这架浑仪与简仪、圭表等都于1437年至1442年间铸造而成，至今已历经风雨近600年。

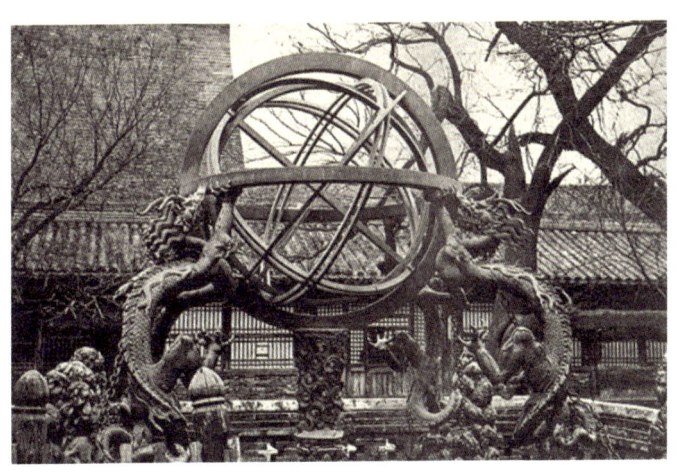

清末的浑仪，当时存放于北京观象台台下院内

这架浑仪整体用青铜铸造，结构牢固，工艺华美，近看高大，远看玲珑，造型沉稳，细节精湛，堪称中国古代科学技术、工艺美术、铸造技巧、机械构造等多方面高度发展的结晶，是古代浑仪制造的顶峰。

1900年，八国联军入侵北京，德、法侵略者瓜分了古观象台的天文仪器，浑仪等被德军掳掠至波茨坦，在离宫的草坪上展陈近20年，第一次世界大战之后才依据《凡尔赛条约》于1921年交还中国。浑仪不仅代表了中国古代天文科技的辉煌，还见证了近代中国的衰落。

简仪

简仪，本意是简化了的浑仪。郭守敬在1276年针对北宋制造的浑仪进行改进，创制了简仪。浑仪的最大缺点是环圈太多，相互交错，遮掩天区。郭守敬所做的改进，首先是取消了黄道坐标系，其次是将地平坐标系部分和赤道坐标系部分分开设置。地平坐标系部分称为立运仪，实际上就是一架地平经纬仪；而赤道坐标系部分则成为一架独立的赤道经纬仪。这样一来，整个仪器的结构更简洁明了，既便于观测操作，还基本消除了观测盲区。

这架简仪里出现的立运仪，能够测量天体的地平方位和地平高度，这在中国天文仪器历史上是首创。至于简仪中的赤道经纬仪，更是世界科学史界公认的最早的赤道仪，比丹麦天文学家第谷·布拉赫制造的大赤道经纬仪早319年面世。这架简仪是郭守敬个人的代表成就之一。

清末的简仪,当时存放于北京观象台台下院内

中国、丹麦联合纪念邮票,主题是简仪和大赤道经纬仪

郭守敬创制的简仪和第谷·布拉赫创制的大赤道经纬仪,分别是中国和欧洲古代天文仪器最高水平的代表。为了纪念这两件珍贵的仪器,中国和丹麦的邮政部门于2011年12月10日联合发行了一套《古代天文仪器》邮票,

并在南京紫峰大厦举行了隆重的发行仪式。

圭表

圭表是中国最古老的一种天文仪器,在3000多年前的西周典籍《周礼》中已有记载。目前已知最古老的圭表实物是1965年在江苏仪征出土的东汉铜圭表,现藏于南京博物院。

紫金山天文台里的这座青铜圭表结构极为简单,由圭和表两个部件组成,正南北向平放。圭上有刻度,其实就是一把长尺。表垂直立于圭的南端。当太阳照射表的时候,会投下表影,随着太阳的东升西落,表影也在地面上转动,在正午时刻正好落在圭的正中,这时可以测量表影的长度。

现陈列于紫金山天文台的圭表,正午时可测量表影的长度

通过测量表影长度的变化周期，可以测定一个回归年的天数。这个天数是制定历法最重要的数据，在此基础上才能制定出精确的历法，从而确定月份、二十四节气等。

这座圭表的北端，还有一个竖立的铜制器件，看起来与表相似，但高度仅1米有余，实际上它是圭的一部分，因为是竖立的，所以被称为"立圭"。此圭表在明朝铸造时采用表高8尺的旧制，于清朝重修时表高增加到清尺10尺。这样一来，冬至前后表影最长时就超出了原来圭的长度，因此加装立圭作为补救。

第六节　斗转星移

北海道日全食观测

天文研究所搬迁到紫金山上不久，中国天文学会也入驻了紫金山，紫金山成为中国现代天文学的中心。从1934年紫金山天文台落成，到1937年全面抗战爆发，这期间，余青松和同事们仰首于星海，埋头于书堆，享受着天文学家独有的辛苦和幸福。

对于当时的老百姓来说，天文研究所带给他们的最大新闻，大概就是两次日全食的观测活动。

日食和月食是地球上常见的两种天文现象，它们都是日、地、月三者在运行中连成一线时才会发生。如果地球在三者中间，发生的就是月食；如果是月球在中间，发生的就是日食。月全食基本上每个人都有机会见到，但日全

1936年日全食，中国观测队拍摄的"贝利珠"

食却是大多数人一辈子难得一见的。

　　幸运的是，在1936年6月19日和1941年9月21日的5年之间有2次日全食，中国都有较为便利的观测条件。1936年的这次，日食观测带只经过中国的漠河等地，最好的观测地点在苏联西伯利亚和日本北海道；而1941年的这次日全食，全食带正好自西北向东南斜穿中国全境。对中国的天文学家们来说，这真是两次天赐的良机。

　　1936年的日全食观测，是中国科学家第一次组队前往国外观测。日食的观测往往会受到阴雨天气的影响而失败，为了提高成功率，中国的日食观测委员会派出两支分队，分别前往西伯利亚的伯力和北海道枝幸郡海滨的枝幸村。

　　伯力分队由张钰哲（当时还是中央大学教授，兼任天文研究所通讯研究员）和李珩两人组成。他们做了充分细

1936年赴苏联伯力观测的中国日食观测队与苏联同仁合影

致的准备，携带笨重器材，千辛万苦地经由日本转道海参崴，跋涉两个星期才抵达伯力。然而天有不测风云，日全食当天伯力地区满天阴云，张钰哲和李珩的精心准备全都付诸东流。对于天文学家来说，这种欲哭无泪的遭遇并不罕见，只能靠自身强大的心理承受力来应对。

余青松带领的北海道观测队则非常幸运，观测获得了成功。这支分队除了天文研究所的余青松和陈遵妫，还有中山大学的邹仪新等4人。相比于西伯利亚，云集于北海道观测日全食的各国观测队数量极多，日本本国的观测队更是多达38个。6月19日下午，阴云虽然在天空中时时涌现，但终究没有形成阻碍，反倒成为陪衬，日全食如期

在北海道的上空壮丽上演。食甚时,太阳先变成一枚钻石指环,继而黑夜瞬间降临,太阳隐没,但其周边的日冕却微光四射,还有5个红色火焰(日珥)可见。当天的金星距离太阳不过几个日面的距离,闪闪发光。树林中百鸟归巢,以为黑夜降临。等到食甚结束,再次生光时,周围有尽责的雄鸡放声大鸣,以为白昼来临。

1936年中国日食观测队在日本,图为邹仪新、陈遵妫、余青松

日本枝幸村在迎接中国观测队的汽车上挂上中日国旗

中国的观测分队成功拍摄了日全食的白光照片、紫外线照片,以及三部记录日全食过程的影片,其中一部还是彩色影片,这是世界上第一部彩色的日全食影片。

这次拍摄日全食,北海道还给中国观测队留下了一个深刻的印象,就是当地对于外国观测队的友好与热情。

西江凤凰山

1937年"七七事变"后全面抗战爆发,不仅从时间

上隔开了这两次日全食，也从空间上划分了天文研究所，天文研究所被迫离开南京。

1937年8月11日，当晚南边的夜空里，初六的弯月已经垂下，两颗天际里最红的星星心宿二和火星紧紧相邻。在变星仪室的圆顶里，余青松拍摄到一张芬斯勒彗星的照片。这是变星仪最后一次拍摄紫金山的星空。

国民政府已经召开会议，安排迁都撤退诸事。天文研究所将重要的仪器、书籍全部打包，安排部分人员护送西撤。为了尽可能多地留下观测资料，余青松本人带领几位职员，一直坚持到12月南京沦陷之前，才将最后一批仪器装箱，乘车匆忙离去。天文研究所途经南岳、桂林、越南河内，于1938年4月25日抵达昆明，落脚于小东城脚20号。

1937年8月8日国外拍摄的芬斯勒彗星

日军占领紫金山天文台

在当时的情形下，紫金山上的几件明清天文仪器实在无法一同搬走，迫于无奈只好将它们留在原地。

从南京到昆明，天文研究所在这次西迁后不但财物散失，而且多年聚集起来的同事也都各遭劫难，彼此离散，如同潮水拍岸，聚散由缘。

所里的三位工友在南京将军巷因日机轰炸遇难。

李铭忠的妻女在1938年9月日机空袭昆明时遇难，李铭忠悲痛欲绝，辞职返回上海，从此与天文界无涉。

在这次轰炸中，陈遵妫的继母和一个弟弟当场遇难，妻子和一个女儿重伤后在次年相继离世。

陈展云因为战时物价飞涨，为了全家生计，痛别天文研究所，进入银行工作。战后他仍困居昆明。1950年重回凤凰山天文台（后为云南天文台）工作，直至1972年退休。

高平子因为家事，回到上海照料父亲，没有随天文研究所西迁，直至1948年去往台湾，从此与大陆音讯隔绝。高平子本名高均，因仰慕汉代天文学家张衡（张平子），遂自号平子。高平子出生于江苏省金山县（今属上海）一个人才辈出的书香家族。他的堂侄高锟，被誉为"光纤之父"，是诺贝尔物理学奖获得者。1958年，高平子与蒋丙

高平子（左二）与蒋丙然（左三）等

然等人创立台湾的天文学会。1970年，高平子病逝于台北。高平子为中国的天文事业做出许多开创性贡献，国际天文学联合会于1982年8月将月球上的一座环形山以他的名字命名。

余青松本人把研究所带到昆明，又建起一座凤凰山天文台。余青松于1940年从天文研究所离任，应李四光等人的邀请先后在桂林、重庆等地任职，主持科教仪器研制。他于1947年出国，从此再未回到祖国。余青松先后在多伦多大学、哈佛大学天文台等处工作，研究成果卓著，1967年在美国马里兰州胡德学院（Hood College）退休，被授予名誉教授。1978年，余青松走完了他的一生。为表彰余青松在天文学上的重大贡献，美国哈佛-史密松天文台将第3797号小行星命名为"余青松星"。

就在余青松离开中国的那一年，天文研究所首任所长高鲁在家乡福州病逝。身在政界的高鲁，因不满国民党军队抗战不力而弹劾第三战区司令顾祝同，结果弹劾不成，自己反遭落井。1947年6月26日，为中国天文事业而生的高鲁，积病、积贫、积愤，于家乡福州逝世，享年70岁。高鲁逝世50周年那天，即1997年6月26日的晚上，北京天文台的兴隆观测站发现一颗小行星。这颗国际编号为79419的小行星，在2010年5月27日被正式命名为"高鲁星"。

凤凰山天文台最初的建筑，建于1939年。后发展为云南天文台

天文研究所迁到昆明后，于1939年5月在凤凰山建成一座规模较小的天文台，以便在战时开展观测和研究。凤凰山天文台的几座建筑全由余青松亲自设计。这是他继紫金山天文台之后设计建造的第二座天文台，也是他为中国天文事业做出的又一次贡献。

临洮日全食观测

除了新建一座天文台，天文研究所在昆明期间最有影响力的一件事情，就是日全食观测。1939年下半年，余青

松与高鲁、严济慈等人一道，开始忙于准备观测1941年9月21日的日全食。

1941年1月，中央研究院调中央大学的张钰哲接替余青松，出任天文研究所第三任所长。张钰哲刚一上任，接手的就是日全食观测之事。观测地点选定在甘肃省的临洮县。

临洮日全食观测对于中国天文学家来说有极为独特的意义。狭长的全食带自西北向东南斜穿中国全境，经过新疆、浙江等8省。虽然东部省份为日寇所占而无法前往，但仍有甘肃等西北地区可以利用，并且西北地区干旱少雨，晴天很有保障。这将是中国国立现代天文机构成立后，首次有机会在国

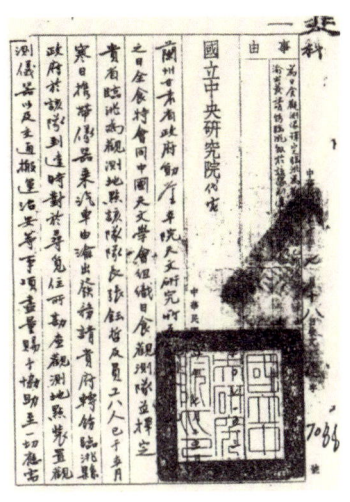

中央研究院就临洮日全食观测一事致甘肃省政府函

内观测日全食。此外，当时正处于第二次世界大战时期，世界主要科技大国都陷于战争泥潭，难以派人赴中国开展观测，因而，本次日全食的观测重任责无旁贷地落到了中国科学家的身上。

张钰哲所长组织日食观测队，经过紧张而周密地准备

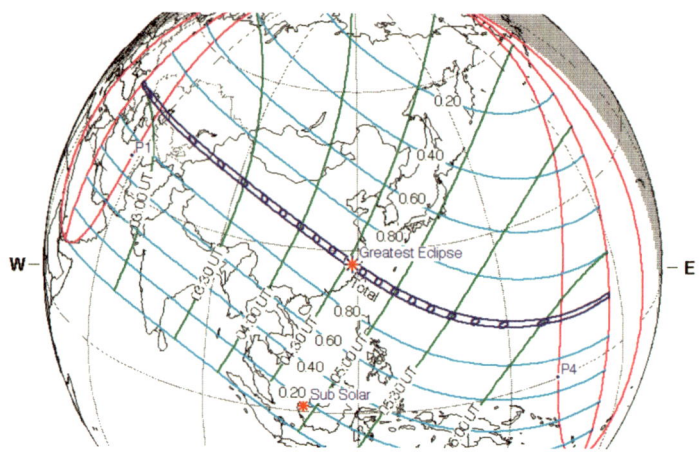

1941年9月21日日全食全食带示意图。中国境内观测条件最佳

及采办器材，于 1941 年 6 月 30 日从昆明出发，前往临洮。观测队除了队长张钰哲、李珩等人，还有来自金陵大学、中央大学一行数人，以及中国天文学会的代表高鲁等二人。观测队先后乘坐火车、客车、卡车等交通工具，历时 6 个星期，跋涉 3200 公里，终于在 8 月 13 日抵达目的地临洮。这一路不但历经苦难，更遇到日机轰炸，屡遭生死考验。

选择临洮为观测地点，原因之一就是这里作为抗战后方，相对比较安全。不料日食观测队抵达后，临洮竟遭遇日机 5 次空袭。不过这并不是张钰哲最为担心的，他更关心的是临洮的天气。1936 年 6 月 19 日的日全食，他和李珩在西伯利亚观测，就是因为天气状况不佳而功亏一篑。而这次他们来到临洮后，居然多日里或阴或雨，难得一见太阳，

临洮日全食观测队合影：后排右五为张钰哲

这实在令人担心。为防止天气不好导致无法观测，以及为了保障观测时的安全，张钰哲和高鲁联系政军各方，请求协助。经蒋介石特批，驻兰州空军于9月15日派一架教练机，送来三部新的摄影机等器材，又于次日派来一架轻型轰炸机——万一日全食当天天气不好，准备用这架飞机将队员和设备带到云层之上作凌空观测。此外，兰州驻军的司令还答应增派兵力防备日军空袭，保证观测时的安全。

皇天不负有心人。9月21日当天，临洮天高云淡，观测大获成功，事前计划开展的照相观测、光谱观测、日冕亮度观测、拍摄日食电影等，都告成功。还有个意外之喜，就是中国国际广播电台台长冯君策（即冯简，1936年参加过余青松的北海道日食观测队）的到来。他带领人员对日食过

临洮日全食观测队拍摄的日食过程 　　食甚时的日冕

抗战期间遭损坏的大赤道仪室圆顶，上面留有许多弹孔

程进行了现场直播，广播信号还通过美国国家广播公司向全球播出，这在中国历史上堪称首次。

这次日全食观测中，在战乱中的中国科学家以舍身忘我的精神承担科学重任，足可千古流芳。关于这次临洮日全食观测的前前后后，张钰哲著有长文《在日本轰炸机阴影下的中国日食观测》，可供感兴趣的读者阅读。

回到紫金山

中国取得抗战胜利后，天文研究所于 1946 年 10 月返回紫金山，凤凰山天文台改由天文研究所和云南大学共属，实际上由云南大学负责。战后的紫金山天文台满目疮痍，修缮工作一时难以完成，天文研究所只能勉强办公。等到修缮工作基本完成，却又遇内战爆发，天文观测依然没能恢复到战前的正常状态。

这期间，天文研究所的人员也有一些变动。1947 年 6 月，年轻的陈彪经李珩介绍入职。陈彪主要从事太阳物理研究，原来的凤凰山天文台在 1972 年成为云南天文台后，陈彪担任了云南天文台首任台长。陈遵妫则成为代理所长，处理一切大小事务。

所长张钰哲在 1946 年 9 月，被国民政府按照常规的学者进修计划派往美国。张钰哲赴美后，跟随以前的老师樊比博（Van Biesbroeck）教授一起工作，在恒星观测研究方面获得了不少重要的成果。1948 年上半年，张钰哲回国的时间到了，可这时中国正值内战，经济处在崩溃边缘，他的回国路费居然被政府克扣了。这位天文学家，最终靠天文上的机会才得以返回国内。1948 年 5 月 9 日有

抗战期间遭损坏的大赤道仪望远镜

一场日环食,环食带由西南向东北斜穿中国大陆东部,美国国家地理学会计划组织观测队赴中国进行观测。张钰哲通过樊比博教授的联系参加了日环食观测队,借机回到了祖国。在浙江余杭,美国观测队队员张钰哲"巧遇"也来观测的中国观测队。实际上,张钰哲早已写信给天文研究所,约定好会合的地点。日环食当天余杭遇到阴雨,观测未能进行,但天文研究所的所长总算得以"完璧归赵"。

张钰哲再次接手所长工作后,面临一个重大的抉择:解放军正在逼近南京,国民政府大势已去,天文研究所是去台湾,还是留在南京?

在南京的大部分研究所都计划把人员迁往上海,以躲避战乱。天文研究所最后的决定是,留下陈遵妫、陈彪等少数几人,一边校对即将出版的《1949年天文年历》,一边看护天文研究所的家产,而所长张钰哲和其他人员带上图书资料暂迁上海。

1949年4月23日,中国人民解放军解放南京。第二天,解放军就应陈彪的请求派兵保护紫金山天文台。此后解放军一直在山上驻扎着一个班的兵力，日夜守护天文台，后来改由武警执勤，至今如此。没过多久，粟裕和柯庆施还亲自来山上视察，他们见到陈遵妫，第一句话就是感谢他保护国家财产，这令陈遵妫深感意外和感动。

这年7月，中央研究院接受军管。9月17日，张钰哲带领迁往上海的全部人员返回南京，天文研究所一大家子聚首后，立即恢复了正常工作。10月7日，南京市军管会成立中央研究院院务委员会，张钰哲被任命为十四位委员之一。就这样，天文研究所完成了新旧交接。

1949年11月1日，新中国的中国科学院成立，原来中央研究院的各个研究所纷纷转隶新成立的中国科学院。

天文研究所暂迁上海的驻地：岳阳路320号大楼。原为日本建立的上海自然科学研究所，抗战胜利后为中央研究院接收使用

1950年5月20日，中央政府政务院任命张钰哲为中国科学院紫金山天文台台长，"天文研究所"的名称告别历史，"紫金山天文台"成为新的机构名称。

从1928年2月天文研究所成立，到1950年5月改为紫金山天文台，时光走过了22年。这段时间似乎很长，却大都在动荡与战火中度过。紫金山天文台是中国自己建立的第一座综合性现代天文台，可在战争年代里，它更像是一个鼓舞人心的符号。随着硝烟散尽，经历战火淬炼的紫金山天文台迎来了新生。它像一艘巨轮，终于摆脱了激流和暗礁的羁绊，在接下来的航程里，将要乘风破浪。

第三章 筚路蓝缕 紫金之巅

第一节 钟山太史

中国现代天文学家当中,有一个奇特而有趣的现象:早期主要的开拓者中,福建籍天文学家几乎占据半壁江山,如高鲁、余青松、陈遵妫等。还有一位更加著名的现代天文学家也是福建人,他就是张钰哲。

1902年2月16日,农历正月初九。冬季的夜空格外亮丽,猎户座与全天最亮的天狼星,还有七仙女——昴星团,在头顶交相辉映。这一晚最为显眼的是月合毕宿五天象:月亮与亮星毕宿五紧紧相伴。就在这一天,张钰哲出生于闽江之滨的福建省闽侯县。

张钰哲幼年丧父,家境艰难,兄弟姐妹几个全靠母亲独自养育长大。他从小天资聪颖又勤奋好学,尤其在文史方面打下了良好基础,更有文学、书法、篆刻、美术等兴趣爱好,伴随了他一生。

1910年佘山天文台拍摄的哈雷彗星

在美留学时的张钰哲

1910年，8岁的张钰哲目睹了回归的哈雷彗星，这给他留下了震撼心灵的印象。他所看到的哈雷彗星，很可能出现在9月下旬，因为这段时间的晚上，哈雷彗星在福州的地平线上高度较高，亮度也达到这次回归的峰值，哈雷彗星拖着长长的尾巴在夜空中闪耀，令人触目不忘。

哈雷彗星是一颗绕日公转的周期性彗星，轨道周期大约为76年，这在彗星里算是短周期，寿命较长的人一生中也许有机会见到它两次。

哈雷彗星由于周期性回归，回归时的亮度也比较大，因此历史上自公元前几世纪开始，一直有关于它的记录。尤其在中国，据天文学家考证：自公元前240年至1910年，中国完整记录了哈雷彗星的29次回归，这在全世界都是绝无仅有的。

哈雷彗星的得名，是因为英国天文学家爱德蒙·哈雷（1656—1742）依据刚刚建立不久的牛顿万有引力定律测算其轨道，并成功预言其下一次回归的时间，这在当时是让人难以置信的成就。

在福州度过童年之后，张钰哲和全家人一道来到北京，投靠已在北京工作的二哥。张钰哲在1919年以优异成绩考入清华学堂高等科，1923年赴美求学。他一直认为中国最需要的人才是工程师，于是先后在普渡大学学习机械工程，在康奈尔大学学习建筑学。留学期间因接触天文书籍，他对天文学产生了浓厚兴趣，遂于1925年决定转入芝加哥大学天文系学习。一年后，张钰哲以优秀的成绩毕业，继续攻读硕士学位，同时进入学校所属的叶凯士天文台做天文观测和研究。再一年硕士毕业，他继续在叶凯士天文台开展研究工作，师从美籍比利时裔天文学家樊比博教授，并于1929年获芝加哥大学博士学位。

叶凯士天文台（Yerkes Observatory）位于美国威斯康星州，附属于芝加哥大学，1897年由著名天文学家乔治·埃

叶凯士天文台,张钰哲于1928年在这里发现"中华"小行星

勒里·海尔(George Ellery Hale)创立。海尔一生建造过多个著名天文台,建造过多架划时代的、里程碑式的望远镜。

叶凯士天文台里最有名的望远镜,是1897年与这座天文台同时建成的"叶凯士望远镜"。这是一架口径101厘米的折射望远镜,直到今天仍然是世界上最大的折射望远镜,不过它的建造者不是海尔,而是一个叫克拉克的人。此外,叶凯士天文台后来还配置了口径分别为100厘米、60厘米的两架反射望远镜。张钰哲在导师樊比博教授的指导下,使用

中国人发现的第一颗小行星"中华"

60厘米的望远镜从事观测和研究。

1928年11月22日,张钰哲在观测时意外发现了一颗新的天体,随后连续多天对其进行观测,最终证实其为一颗从未发现过的小行星。这是第1125颗被发现的小行星,并且是第一次由中国人发现的小行星。根据国际天文学联合会的规定,小行星这种天体可以由发现者命名,张钰哲满怀深情地将它命名为"中华"。

中国人在中国的土地上第一次发现的小行星,是1955年1月20日,张钰哲和他的学生张家祥在紫金山天文台用60厘米反射望远镜所发现的,后来这颗小行星被命名为"紫金一号"。当时这架位于大台的60厘米反射望远镜自战后刚刚修复,此前毛泽东于1953年2月23日来紫台视察的时候,它还处于破损状态。

叶凯士天文台和克拉克望远镜建成的1897年,中国还处在洋务运动的尾声,国内的现代天文学刚刚在几所水师学堂一类的洋学堂里萌芽。在张钰哲发现"中华"小行星的1928年,中国也才刚刚成立中央研究院天文研究所,并正在筹划建设紫金山天文台。

学成之后的张钰哲,

张钰哲使用大台60厘米反射望远镜

离开了天文学最为发达的美国，于 1929 年秋回到了科技落后的祖国。他应聘于中央大学担任教授，开设天文学课程，为落后的中国现代天文事业培育人才。同时他还受聘为中央研究院天文研究所的通讯研究员。

张钰哲作为一位天文学家，也是中国天文科普事业的开拓者，一生写过许多科普文章与著作。任职中央大学期间，他为当时的《科学》杂志撰文《假天》，详细介绍了"假天仪"，并呼吁建立"假天馆"，以推动对民众的天文教育。假天仪、假天馆，是那个时代对天象仪、天文馆的称呼。这是中国最早详细介绍天文馆的文章。建造天文馆的梦想始终萦绕在张钰哲的脑海里，但在战乱年代只能是镜花水月。直到中华人民共和国成立后，条件初步具备，张钰哲再次积极推动筹建中国第一座天文馆，并派出陈遵妫、李元两员强将，支持建设北京天文馆。

在临洮观测日全食时的张钰哲（中）

张钰哲一生中多次观测日食。日全食是地球上可见的最为壮观的天象，一个人一生中难得见到一次，而张钰哲却幸运地见过两次。

他第一次观测日全食并没有成功。那是1936年6月19日，张钰哲与李珩组成中国日食观测委员会的一个观测分队，费尽周折赴苏联的伯力观测日全食。他们做好了充分的准备，不料却遭遇阴天，观测未获成功。

1937年抗战全面爆发后，张钰哲随中央大学内迁重庆。1940年年底，中央研究院免去余青松所长职务，改聘张钰哲为天文研究所所长，张钰哲于1941年1月只身前往昆明赴任。张钰哲接任所长后立即接手筹办当年9月21日的日全食观测工作。他带领日食观测队从昆明出发，艰苦跋涉3000余公里，抵达甘肃临洮，冒着被日机轰炸的威胁，在这里成功开展了日全食观测，获得了大量宝贵的科学资料。这是张钰哲第一次目睹日全食。

1946年，张钰哲应政府安排赴美进修，两年时间里，他在恒星的观测研究方面发表了一系列重要成果。当1948年他本该回国时，却因为国内经济崩溃，政府不再兑现其回国路费而滞留美国。幸运的是，1948

1950年5月20日，政务院任命张钰哲为中国科学院紫金山天文台台长

1979年张钰哲率团赴蒙特利尔,商讨恢复中国天文学会的IAU会籍问题

年5月9日有一场日环食,最佳观测区在中国东部,张钰哲借机参加美国观测队,这才回到祖国。

1949年中华人民共和国成立,1950年,中央研究院天文研究所改为中国科学院紫金山天文台,张钰哲被任命为台长,在此任上一直工作到1984年。

在新中国成立初期,张钰哲领导了全国天文学科的规划建设以及相关天文机构的建设。张钰哲从全国天文事业发展大局出发,主动提出让这些新成立的单位全都脱离紫金山天文台,直接归属中科院领导,充分发挥各个单位壮大发展的积极性。时至今日,全国天文台站百花齐放、各有所长,为中国的天文事业带来朝气蓬勃的气象。

1979 年，张钰哲以中国天文学会理事长的身份，率队远赴加拿大蒙特利尔，与国际天文学联合会进行会谈，成功恢复中国在国际天文学联合会（IAU）的合法身份，中国天文学得以重返国际天文学大家庭，为之后的快速发展和国际交流合作打下了基础。

而紫金山天文台也在张钰哲的领导下，先后发展了太阳、行星、射电天文、应用天文、人造卫星、天体物理、空间天文等众多方向。张钰哲本人的专长在于天体测量和天体力学，但他以战略科学家的眼光大力推动了天体物理学的发展。20 世纪 70 年代，紫金山天文台在张钰哲的积极推动下，开创了中国的毫米波射电天文学与空间天文学两个重要方向。张钰哲在 78 岁高龄时，亲赴青藏高原，甚至登上海拔 4800 米的昆仑山口，为中国的第一座毫米波天文观测站勘察选址，指导建设了青海观测站。

在前往青藏高原之前，他还来到云南天文台，回到当年的凤凰山，在这里观测了 1980 年 2 月 16 日的日全食。这是他一生中第二次目睹日全食。这一天，恰逢他的 78 岁生日。

在领导紫金山天文台开展学科建设的同时，张钰哲本人在小行星方位观测、小行星光电测光、人造天体运动力学、天文学史等领域也不断开拓，取得了举世瞩目的成绩。张钰哲与学生张家祥在世界上第一颗人造卫星上天之前即开始研究人造卫星运动轨道，于 1957 年 12 月发表中国第一篇有关人造卫星轨道的研究论文。月球探测是 20 世纪

张钰哲和他的学生张家祥，在紫金山天文台小行星观测室

世界各个大国在太空科技领域竞争的热点，也是今天的中国引以为傲的科技领域。中国第一篇研究探月卫星轨道的论文，是由张钰哲和张家祥在1965年发表的。在张钰哲的"老本行"小行星领域，他建立起紫金山天文台的行星学科，在紫金山天文台的行星研究室观测发现的小行星，至20世纪80年代时有100多颗获得国际编号，此外还发现了几颗彗星。除了对小行星的定位观测，1958年，张钰哲领导紫金山天文台的行星研究室开始小行星的光电测光工作，开创了国内的行星物理学科。此外，张钰哲还在恒星变星的观测研究方面取得了许多成绩。

紫金山天文台发现的这些小行星在取得国际编号后，一部分陆续获得正式命名。从此，张衡、一行、祖冲之、郭守敬等中国古代天文学家的名字，以及北京、江苏、上海、台湾、福建和紫金山等祖国各地的名字，开始闪耀于太空，与日月同辉。在以中国元素命名的小行星当中，还有一颗比较特别，那就是1978年8月1日国际小行星中心正式命名的"（2051）Chang"。这颗小行星是美籍华裔天文学家邵正元在哈佛大学天文台发现的，是为了表达对张钰哲的敬意而以他的名字命名的。

张钰哲的业余喜好有绘画、篆刻等，他有一枚"钟山太史"图章，专为自己而刻。在古代，掌管国家天文机构的官员常被称为太史令。自号"钟山太史"的张钰哲，为中国的天文事业奉献了整整一生。1982年3月，紫金山天文台庆祝张钰哲80岁寿辰和他从事天文工作55周年，为他举行了气氛热烈的茶话会。在会上，紫金山天文台赠送他一副对联，代表了天文界对他的高度评价和美好祝愿：

测黄道赤道白道，深得此道，赞钰老步人间正道

探行星彗星恒星，戴月披星，愿哲翁成百岁寿星

1984年，张钰哲辞去紫金山天文台台长职务，改任名誉台长。这一年，张钰哲时隔36年再次访美。他考察了美国的几大天文台和当时最先进的观测设备，重访他青年时期求学的叶凯士天文台。他探访故知旧友，所到之处，美国天文界同行都致以崇高礼遇。张钰哲也在哈佛大

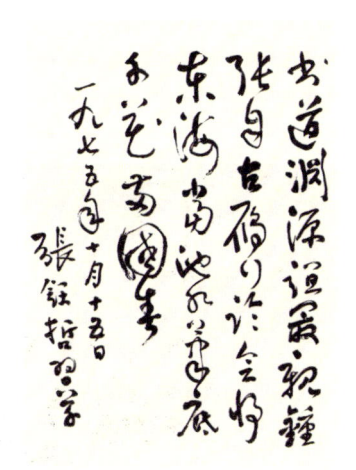

张钰哲书法

学做题为《今日的中国天文台》的报告，向美国同行介绍中国当代的天文学。

张钰哲幼年时所见的哈雷彗星，在他晚年时再次闯入他的工作和生活中。他分析了中国历史上有关哈雷彗星的记录，提出解决武王伐纣年代悬案的一个思路。《淮南子·兵略》有载："武王伐纣……彗星出而授殷人其柄。"如果武王伐纣时出现的那颗彗星就是哈雷彗星，那么通过对哈雷彗星历史轨道的计算，就可以确定武王伐纣的年代，他经过考证后认为其很可能是在公元前1057—前1056年。虽然后续的天文研究认为武王伐纣时的那颗彗星并非哈雷彗星，但他的这项研究开创了借助天文学来研究历史年代问题的一个思路，天文学与历史学就这样巧妙地结合在了一起。

在张钰哲研究哈雷彗星的时候，哈雷彗星也在向他飞近。1986年，在太阳系里环游了76年的哈雷彗星再次闯入张钰哲的视野。此时张钰哲已经84岁高龄，8岁那年结识的"发小"，他一直念念不忘，而今如约重逢于耄耋之年，谁言天地无情，实乃天荒地老之情！这一次

晚年仍在工作的张钰哲

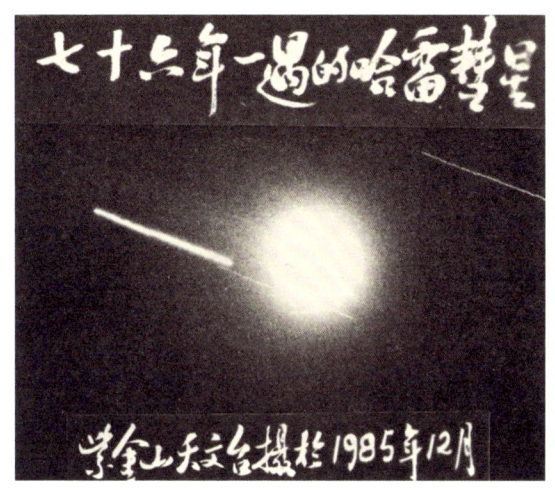

紫金山天文台 1985 年拍摄的哈雷彗星彗核

1986 年，张钰哲与回归的哈雷彗星重逢

的回归，哈雷彗星变老了一点，略显一丝黯淡，但在张钰哲的眼里它还是那个亲切的老朋友；张钰哲也变老了，从稚气未脱的孩童，变成了霜雪满头的老叟，但那双好奇的眼睛依然闪亮，哈雷彗星一定还认得他。

这一次的相视重逢，也是挥手永别。1986年7月21日，哲翁停止了一生的求索。

第二节　大地星火

中华人民共和国成立之初，全国的天文单位很少。在高校系统中主要有齐鲁大学天算系和中山大学的数学天文系，它们在1952年院系调整时一同并入南京大学，组成南京大学天文学系，成为日后中国培养天文人才最重要的摇篮。全国天文台中，只有紫金山天文台规模稍大，但是自抗战爆发后一直未能正常开展科研工作，其他几个台也都设施破旧、人员匮乏，科研工作面临百废待兴的局面。

新中国的成立，让中国的天文事业获得前所未有的发

建立于19世纪中后的徐家汇天文台　建立于20世纪初的佘山天文台
两者于1962年合并为上海天文台

从凤凰山天文台起步的云南天文台

展机遇。自20世纪50年代开始，中国科学院系统的天文台站得到了大规模的建设与扩充，一方面加快建设新的台站，一方面对旧有台站进行归并和改制。到了20世纪70—80年代，中国天文台站的布局基本成型，形成五大天文台的格局。这个局面稳定了很长一段时间，为中国天文事业的进一步发展奠定了坚实的基础。

21世纪后，中科院的天文系统进行了新一轮的大规模调整，借助时代的机遇获得了跨越式发展。

天文事业从中华人民共和国成立时的百废待兴，到今天的繁荣强大，20世纪50—60年代这段时期至为关键，是新旧衔接、充实提高、开拓创业的阶段，为今后整个中国天文事业的发展奠定了格局、打下了基础。在这个阶段，紫金山天文台发挥了极为关键的作用。

紫金山天文台是当时中科院唯一的所级天文机构，集中了全国众多的优秀天文学家与科研骨干。紫金山天文台不但要顾及自身的发展，还要负责全院天文业务的管理，更要在"全国一盘棋"的框架下,承担中科院系统天文学规划布局的重任。

紫金山天文台在中华人民共和国成立之初,即在张钰哲台长主持下制订了"十二年科技远景规划(1956—1967年)"的天文学部分,成为新中国成立初期天文学发展与规划的纲领。此后,一批新天文台站的建设,包括一些院外天文单位,大都在紫金山天文台的主持或支持下实施。

在旧台站基础上建立的天文台站,主要有上海天文台、紫金山天文台的青岛观象台和云南天文台。

除了以上这些在旧有台站基础上建立的台站,中国科学院还陆续新建了一批台站,成为中国天文事业的新兴力

右边的圆顶建筑为紫金山天文台青岛观象台,左边的圆顶建筑历史上是青岛观象台的一部分

天津纬度站　1970年摄

北京天文台的第一个观测站沙河站　1970年摄

中科院南京天文仪器有限公司

量和中坚骨干。

紫金山天文台天津纬度站，是新中国建设的第一个天文观测台站，主要目标是作为国际纬度站成员，观测研究纬度变化，提供极移服务。天津纬度站后并入北京天文台。

北京天文台是新中国规划建设的第一个以天体物理为主要研究方向的综合性天文台。1957年年底，中国科学院通过了紫金山天文台制订的"北京天文台筹建计划"，并于1958年2月成立"中国科学院北京天文台筹备处"，由紫金山天文台负责领导。刚刚自法国回国在紫金山天文台任一级研究员的程茂兰，担任筹备处主任。1962年，北京天文台筹备处脱离紫金山天文台，直属中科院。2001年，北京天文台并入新成立的国家天文台。

南京是中国的天文学"重镇"，中科院在南京有三个天文单位，除了紫金山天文台，还有南京天文光学技术研究所和南京天文仪器有限公司。后两者的共同前身是南京天文仪器厂，而南京天文仪器厂在1958年5月建立时，主要的技术力量也源自紫金山天文台，并曾一度归属于紫金山天文台领导。

中科院系统新建的天文单位，除了类似北京天文台这样独立建制的天文台外，还有中国科学院人造卫星观测系统。该系统在业务上由紫金山天文台协调和指导，在全国各地建有多处人造卫星观测台站，最多时（1959年）达到28个，后来大多陆续撤销。只有长春人造卫星观测站和新疆人造卫星观测站一直保留至今，新疆人造卫星观测站于2011年升级更名为新疆天文台。

在整个20世纪50—60年代，中国各地的天文台站建设都得益于紫金山天文台的倾力支持，其为全国天文事业所做出的贡献，也令各方深为感念。王绶琯先生是中国著名的天文学家，中国射电天文学的奠基者之一。他在1953年到紫金山天文台工作，深受张钰哲等前辈器重。北京天文台筹建的时候，王绶琯被委以重任，与程茂兰先

中国天文学会1957年在南京召开解放后第一届会员代表大会

生等人一道前往北京担负重任，建立各个观测台站，并且开创了北京天文台的射电天文等领域，还曾担任北京天文台台长。他在紫金山天文台建台 50 周年时回顾往昔，将紫金山天文台深情地称为"培育过自己的母校"、令人眷念的"母台"。王绶琯先生的想法代表了兄弟台站共同的心声，紫金山天文台当之无愧是中国现代天文学的摇篮。

第四章　光辉历程　继往开来

第一节　日月换新天

紫金山天文台的科研规模，在民国时期非常有限，天文研究所的研究工作主要集中在历书编算及相关的天体力学、方位天文、太阳分光观测、变星观测、天文学史等几个方向。

从1950年开始，紫金山天文台的科研工作开始快速发展。到20世纪50年代末期，主要的研究方向包括历书编算、实用天文、太阳、天体演化、小行星、人造卫星、射电天文等。此外还初步建起了光学实验室、电子实验室、内部工厂等。

在20世纪70—80年代，紫金山天文台又逐步开拓了空间天文、太阳物理、恒星物理、天文仪器研制等多个领域。到80年代初期，紫金山天文台已有职工380人左右。除了紫金山上的园区，还在市中心的鼓楼建起一座实验大楼。全台的科研部门分为11个研究室。这个格局大体维

20世纪60年代紫金山天文台全景

持到20世纪结束的时候。

进入21世纪之后,为了更好地适应天文学日新月异的发展,以及出于资源整合优化的需要,紫金山天文台科研工作被划分为4个研究部,每个研究部里包含若干相关的研究团组。

这4个研究部是暗物质和空间天文研究部、南极天文和射电天文研究部、应用天体力学和空间目标与碎片研究部,以及行星科学和深空探测研究部。围绕这些研究方向,有4个中国科学院的重点实验室都是依托紫金山天文台而建设和运行的,分别是中科院暗物质与空间天文重点实验室、中科院射电天文重点实验室(多家单位联合共建)、中科院空间目标与碎片观测重点实验室、中科院行星科学重点实验室(与上海天文台共建)。

紫金山天文台还与中国科学技术大学共建教科融合的天文与空间科学学院，培养高级天文人才，目前在读研究生有 300 多人。此外，中国天文学会一直挂靠在紫金山天文台，由紫金山天文台承担其日常的运行工作。

第二节　射电天文学

在天文学的十二年科技远景规划中，射电天文学是一大重点。紫金山天文台在 1956 年即派出朱含枢作为中科院赴苏留学生，到普尔科沃天文台专门学习射电天文学。王绶琯则在同一年也被派往普尔科沃天文台，进修授时技术。

1958 年 4 月 19 日，海南岛可见一场日环食。中国和苏联联合组织了这次日环食的射电观测，双方对这次观测都非常重视，均从国家层面开展筹备工作。中方观测队于 1958 年 2 月 20 日组成，共有来自天文、无线电、机械、电机、电子等专业的 26 人。观测队先在北京开展集中培训，确定重点计划是向苏方学习有关射电天文观测的理论与技术。培训之后，大家先后奔赴海南三亚，进行为期一个月左右的准备工作。

4 月 19 日的日环食观测非常顺利，获取了充分的数据，为取得一系列研究成果奠定了重要基础。本次观测所需要的 7 台不同工作波长的射电望远镜，全由苏方提供。在观测中每台设备都安排中苏双方人员合作操作，为中方人员提供了现场学习的机会。

观测结束后,苏方专家于1958年5月来到南京。在参观紫金山天文台之后,还举办了多场讲座,苏方专家为来自紫金山天文台、南京大学和南京工学院的师生们进行了有关射电天文理论和技术上的培训。

中方同苏方协商,作为借用,留下了两台射电望远镜放在北京。当时北京天文台正在筹建,只有一个为授时工作刚刚建成的沙河观测站,这两台射电望远镜于是就安置在沙河观测站。在王绶琯、陈芳允的领导下,沙河观测站利用这两台苏联的射电望远镜开展太阳观测,并于1959年年初成功仿制出一台射电望远镜。紫金山天文台则在1958年12月在太阳研究室内组建了射电天文

紫金山天文台的太阳射电望远镜 摄于20世纪80年代

紫金山天文台青海观测站　摄于20世纪90年代

研究组，同样也是在王绶琯和陈芳允的指导下，于1959年4月成功仿制一台射电望远镜。同一时期内，南京大学、北京大学、清华大学、北京师范大学等也都先后仿制出射电望远镜。这些最早仿制出的射电望远镜虽然都很粗糙，却激发了当时一大批年轻人投身射电天文事业的热情。随后在王绶琯等人的主持下，举办了全国性的射电天文培训班，培养了中国射电天文最早的一批骨干人才。中国的射电天文事业，就这样以一场日环食为契机，飞速发展了起来。

紫金山天文台的射电天文工作，在20世纪60—80年代主要以太阳射电观测为主。70年代之后又重点推进毫米波射电天文学的创建和发展。

紫金山天文台于1978年开始为毫米波射电天文观测

紫金山天文台青海观测站 13.7 米毫米波射电望远镜

寻找合适的站址，经多方比较最终选定青海省德令哈东部的野马滩。这里晴天数多，一年中大部分时间云量很小，气候干燥，人烟稀少，没有无线电干扰，是个具有发展远景的毫米波优良站址。野马滩光污染也很微弱，对于光学观测也是个优良站址。1982年9月，紫金山天文台开始在此地筹建青海观测站，于1986年6月初步建成。

不久后，在学习美国先进技术的基础上，紫金山天文台联合南京天文仪器厂等单位联合研制的毫米波射电望远镜就安装在这里，开启了中国的毫米波射电天文观测。这台望远镜口径13.7米，是中国第一架大型毫米波射电望远镜，建成之后整个系统从各方面经历过多次升级改造，观测能力和观测效率获得空前提升。青海观测站至今仍是中国毫米波天文学领域独一无二的重要基地。

第三节 "东方红一号"

紫金山天文台还有一个特别重要的研究方向，就是空间目标与碎片的观测和研究。这项工作源自20世纪50年代开始的人造卫星观测和研究工作，尤其是中国第一颗人造卫星"东方红一号"项目的实施，对紫金山天文台的人造卫星工作产生了极大的推动作用。

1957年10月4日，苏联成功发射人类历史上第一颗人造卫星——"斯普特尼克1号"（Sputnik 1），拉开了美苏等国太空竞赛的序幕。

中国作为自古就有飞天梦想的国家，在1970年4月24日将"东方红一号"卫星送入太空，成为继苏、美、法、日之后第五个自主发射人造卫星的国家。

"东方红一号"上天后，不但做了一些简单的科学实验，还通过搭载的设备向地面广播《东方红》乐曲的无线电信号（需要地面站接收、解调后再广播），以这种浪漫的方式向全世界宣告中国进入了太空时代。"东方红一号"的轨道高度比较高，大气阻力对它的影响非常微弱，直到今天它仍在太空遨游，宛如中国航天事业一座不落的空中纪念碑。

"东方红一号"是个巨大的工程，由多个部门联合攻关完成。其中，南京地区的紫金山天文台等单位也承担了重要的工作。发射人造卫星跟天文学有非常密切的联系。人造卫星在发射入轨之后，就完全依靠惯性绕地飞行（不考虑变轨等特殊情况），这跟两个自然天体在引力作用下的相互绕转没有本质区别。天体力学的成熟，让人类掌握了天体运动规律，可以直接应用于人造卫星轨道的计

中国第一颗人造卫星"东方红一号"外观

算。因此，最初的人造卫星工作离不开天文学家的帮助和参与。

张钰哲擅长对小行星、恒星的观测与研究，当中国开始向人造卫星领域进军时，紫金山天文台在20世纪50年代末期成立了人造卫星研究室，在张钰哲的带领下开展卫星轨道力学的研究工作。1957年12月，《天文学报》发表张钰哲与学生张家祥合著的论文《人造卫星的轨道问题》，这是中国第一篇研究人造卫星轨道的论文。

除了人造地球卫星，在人造月球卫星的轨道研究方面，张钰哲也是先驱者。1965年，他与张家祥共同发表了国内第一篇探月轨道论文《定点击中和航测月球的火箭轨道》。

1965年，中国正式实施"东方红一号"工程，并明确"东方红一号"卫星为科学探测性质的试验卫星，对总体技术方案的要求是"上得去、抓得住、听得见、看得见"。其中，"抓得住"对应于跟踪测量，要求在卫星发射后，必须能够观测到卫星，能够及时做出轨道预报。

在"抓得住"这项工作中，紫金山天文台承担了重要的任务：负责"东方红一号"卫星测轨预报方案和软件的设计，并负责领导中国科学院人造卫星光学观测网的业务，对"东方红一号"卫星升空后的观测、轨道计算和预报发挥了至关重要的作用。

紫金山天文台于1966年启动测轨预报方案的研究工

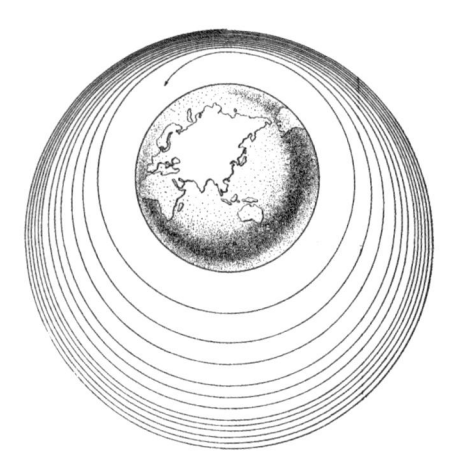

中国第一篇研究人造卫星轨道的论文中有关在大气阻力作用下卫星轨道的示意图

作。1967年，国防科委召开任务落实会议，成立由紫金山天文台等单位组成的联合工作组，承担"东方红一号"卫星测轨预报方案的研制。紫金山天文台由于出色的前期工作基础，被确定为工作组的业务领导单位。工作组在南京奋战一整年，圆满完成任务，随后分批赴酒泉、喀什等地，现场调试软件，在"东方红一号"发射前一年完成全部准备工作，进入待命状态。测轨预报方案和软件的成功研制，为"东方红一号"任务的顺利完成做出了重要贡献。

除了测轨预报方案和软件的研制，紫金山天文台还承担了当时中科院人造卫星光学观测网的建设与业务领导工作，在"东方红一号"上天之前，先以苏、美卫星为目标

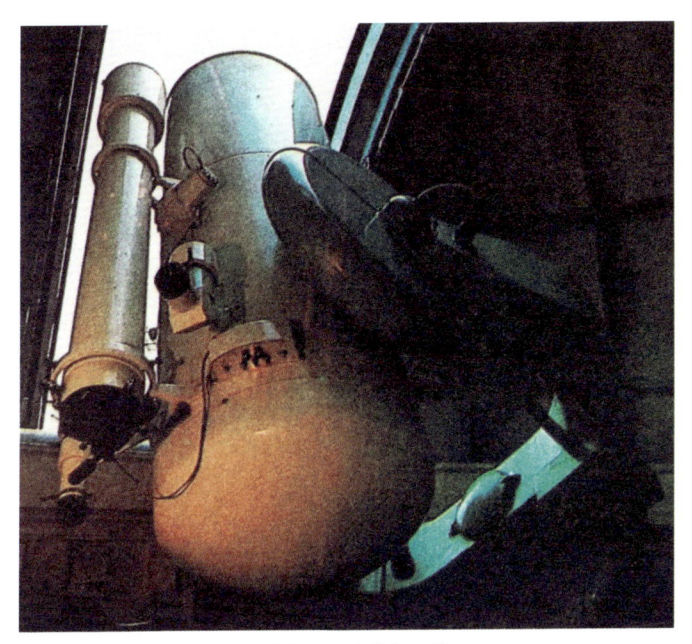

紫金山天文台天堡城观测室装备的施密特望远镜

紫金山天文台天堡城观测室，历史上主要用于人造卫星的观测

开展观测和相关研究。经过几十年的发展，今天中科院的人造卫星观测与研究业务，主要由空间目标与碎片观测重点实验室承担，仍然依托于紫金山天文台。

第四节　前沿成果展示

紫金山天文台在许多领域都取得了令人瞩目的成绩，有些科研成果达到了世界领先的水平。

空间天文学

在空间天文方面，紫金山天文台近期最重大的成果是牵头成功研制了暗物质粒子探测卫星，并负责它的运行维护，利用它的观测数据开展了卓有成效的科学研究。这个项目的负责人是常进。这颗卫星于 2015 年 12 月 17 日成功发射，运行于大约 500 公里高度的太阳同步轨道上。这

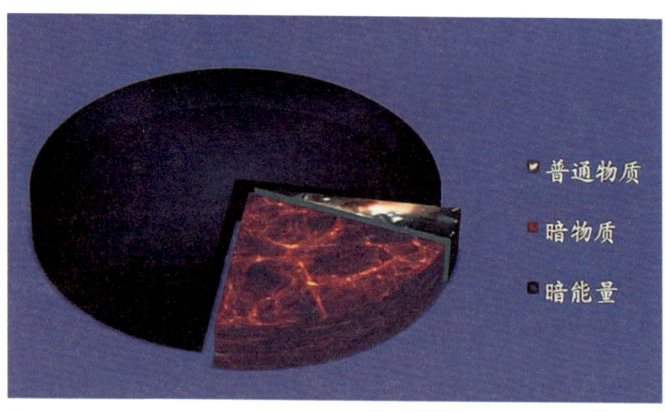

宇宙的组成

是中国的第一颗天文卫星，名叫"悟空"，是通过公开征集的方式采用了一位天文爱好者给它起的名字。既然叫"悟空"，它必然有"捉妖"的本领。它其实就是冲着宇宙里的一个大"妖怪"——暗物质——而上天的。

按照当前天文学上的观点，宇宙被认为是由三大部分组成：5%的普通物质，27%的暗物质和68%的暗能量。普通物质就是我们能够"看"到的一切物质，这个"看"，包括用眼睛、射电望远镜、光学望远镜、紫外望远镜、X射线望远镜等一切手段，所能"看"到的包括行星、恒星、星系、星际间的尘埃等物质，也包括黑洞。而暗物质则是我们用以上手段不能"看"见的物质。它虽然不可见，但也有质量，从而也有引力，因此常常露出马脚：天文学家能发现它的引力对普通天体产生的效应，从而间接推知它

暗物质粒子探测卫星"悟空"示意图

的存在。暗物质虽然比普通物质要多得多，可是它跟普通物质几乎不发生直接的物理作用，因此，迄今为止直接探测暗物质还没有令人信服的结果。间接探测就成为重要手段，主要是尝试探测暗物质粒子与普通物质粒子，或者暗物质粒子之间相互碰撞后可能留下的迹象。暗物质的存在一旦被证实，将是科学史上的重大发现，现有的物理学都必将被改写。

目前，暗物质的探测方式主要有三种：一是利用大型对撞机，通过粒子的高速碰撞产生暗物质粒子然后进行探测；二是在地下深处设置探测器进行探测，例如我国在四川锦屏山地下实验室中正在开展的实验就属于此类；三是在太空中，利用特殊的空间望远镜探测暗物质粒子。

"悟空"属于第三种探测方式。它是目前世界上观测精度最高、能量分辨率最优的宇宙线探测卫星，在高能段的灵敏度远超国外同类卫星。

"悟空"能否成功捉拿暗物质这个"妖怪"，尚需假以时日。不过它目前已经捉拿了好几个"小妖"，在电子宇宙射线能谱观测、质子宇宙线能谱观测、氦核宇宙线能谱观测方面，都发现了前所未知的异常现象。这几项发现本身已经是非常重大的成果，这些"小妖"是否暗示着"大妖"暗物质的行踪，目前尚未可知。紫金山天文台的科学家们正在进行深入研究，以期早日揭开暗物质这个世纪谜团。

除了"悟空"，紫金山天文台还在主持研制另一颗天文卫星，叫作"先进天基太阳天文台"（ASO-S）。它是一颗太阳探测卫星，用来观测和研究太阳磁场、太阳耀斑和日冕物质抛射等。这颗卫星在2022年10月9日成功发射。

毫米波射电天文技术

毫米波射电天文学是紫金山天文台于20世纪70年代在国内最先开创的学科方向，在这个领域里一直处于国内领先的水平。这个方向的研究，背后离不开尖端的技术支持。紫金山天文台的毫米波和亚毫米波技术实验室就是强有力的支持。

这个实验室主要从事超高灵敏度太赫兹（对应于毫米和亚毫米的波长）超导探测器技术研究，及其在天文等领域的科学应用。这个实验室主持研制了我国第一台毫米波超导SIS接收机、3毫米波段多谱线接收系统以及3毫米波段多波束接收机"超导成像频谱仪"，并成功应用于紫金山天文台青海观测站口径13.7米的毫米波射电望远镜。这个实验室发展了基于氮化铌（NbN）超导隧道结混频器技术，首次实现天文观测应用，被认为是超导混频领域的重要里程碑。2019年4月10日，由世界上多家天文台和研究机构的数百名科学家合作完成的人类历史上首张黑洞照片在当晚正式发布。这个天文学上里程碑式的成果背后，也有紫金山天文台的毫米波和亚毫米波技术实验室的一份技术贡献。

第五节 台站发展

紫金山天文台的台站布局,包括本部和野外观测台站。当然,台站是不是"野外",也是相对而言的,会随着历史的变迁而发生变化。比如紫金山上的园区,在几十年前可称"野外",但在今天已经位于城市中心,只不过就它在紫金山天文台内部的隶属关系而言,可以与其他真正在野外的台站并称为野外台站。

本部变迁

紫金山天文台的本部是个大本营,不但是行政管理部门所在地,大多数的研究人员平常也在这里办公。

紫金山天文台在天文研究所时期,先后经历5个本部地点,分别是南京的成贤街57号、鼓楼、紫金山天文台(1934年启用)、昆明的小东城脚20号、凤凰山天文台。抗战胜利后天文研究所迁回南京紫金山上。

新中国成立后,紫金山天文台的本部就在紫金山上安顿下来,这里也是当时从事观测的野外台站。紫金山上的园区陆续新建了许多房屋,有观测室、办公室,有车间、实验室,还有食堂、宿舍,大大小小的房屋不下20座,不过每个建筑的体量都很小。山上的地形高高低低,地块又局促狭小,没法建造大型建筑,只能采取小而散的建设格局。

1966年至1976年,紫金山上也是阴云密布,狂风席卷,科研工作勉力维持。全国科学大会和十一届三中全会之后，全国的科研工作迅速恢复，获得全面发展。根据全国天文学规划部署，紫金山天文台此时的发展重点是毫米波射电天文与空间天文，这在当时的中国是有待开创的两个全新领域。紫金山天文台短短几年就在这两个前沿阵地里取得了重大的突破，同时其他几个传统学科也都进一步获得很大的发展。随着紫金山天文台的发展壮大，新的研究室不断设立，人员规模持续扩充，紫金山园区已经显得越来越小，从当年的空旷冷清，变得人声鼎沸。紫金山天文台亟需拓展新的台站空间。

20世纪70年代，中国天文学一个新的分支学科——空间天文学在紫金山天文台建立起来。空间天文学的发展对于实验室的要求比较高，可紫金山上已经无法容纳新的实验和研究需求。1979年，紫金山天文台在市中心的鼓楼

紫金山天文台在不断发展壮大

紫金山天文台鼓楼办公大楼

旁边新建了一幢六层的实验大楼，就称为"鼓楼实验大楼"，简称"鼓楼大楼"。当时紫金山上的建筑虽然数量不少，可加在一块还比不上鼓楼大楼的面积。因此，不但空间天文部分从山上搬迁到鼓楼大楼，还有足够的地方将行政部门和其他好几个研究部门全都塞了进去，从此"山里人"也开始享受城里"白领"的办公条件。

在此后的一段时间里，鼓楼大楼与山上办公区同时使用，但本部的功能就逐步转移到鼓楼大楼里。在鼓楼大

紫金山天文台本部所在地：仙林园区

楼南边临街的办公室里,只要站在窗前,往东南方向望去百米远,就能看到那座始建于明初时期的天文研究所曾经寄居的鼓楼。鼓楼大楼和鼓楼,既相隔百米,又相隔半个世纪。

进入21世纪后,紫金山天文台的发展愈发迅速,渐渐地,鼓楼大楼也成为一座小楼了,不仅人员难以容身,就连许多必不可少的科研仪器都无处安置。为了今后的发展,紫金山天文台在南京城东的仙林新建了仙林园区,在2017年将本部从鼓楼搬迁到仙林,实验条件、科研条件从此大为改观。

野外建站

紫金山天文台的野外台站,同样见证着紫金山天文台的发展历程。目前,紫金山天文台共有7个野外台站,除

紫金山天文台姚安观测站

中国南极天文台由紫金山天文台与兄弟单位合作筹建

了"老牌"的紫金山园区，1993年"失而复得"的青岛观象台，还有自20世纪80年代陆续建起的青海观测站、盱眙观测站等。

这些野外台站之中，盱眙观测站距离南京最近，只有100公里。它的建立还跟一个重大的天文事件相关。

盱眙观测站

盱眙县隶属苏北的淮安市，淮河在其境内注入洪泽湖。盱眙县的西南与安徽交界，这里丘陵连片、人口稀疏、夜空澄澈，光污染相对较少，是江苏境内建立光学天文台的最佳地点之一。盱眙观测站就建在这片丘陵里的跑马山上。

太阳系小天体（小行星、彗星等）的观测研究是紫金山天文台的传统优势学科，由张钰哲老台长一手创立。紫金山天文台的小行星观测工作从1949年底开始，最初只有小赤道仪室的那支15厘米口径折射镜筒可用。紫金山园区里的60厘米反射望远镜于1954年修缮完毕后，一段时间内成为小行星观测的主要工具。20世纪60年代，小行星观测室在紫金山园区建成，装备了从德国蔡司公司进口的40厘米口径双筒望远镜，成为紫金山天文台开展小行星观测与搜索的利器。至80年代后期，紫金山天文台发现并获得正式国际编号的小行星有100多颗，还发现了紫金山1号、紫金山2号等彗星。

可是到了20世纪80年代末期，随着城市发展的加速，南京的夜空已是灯火通明，导致紫金山上众星消隐，望远

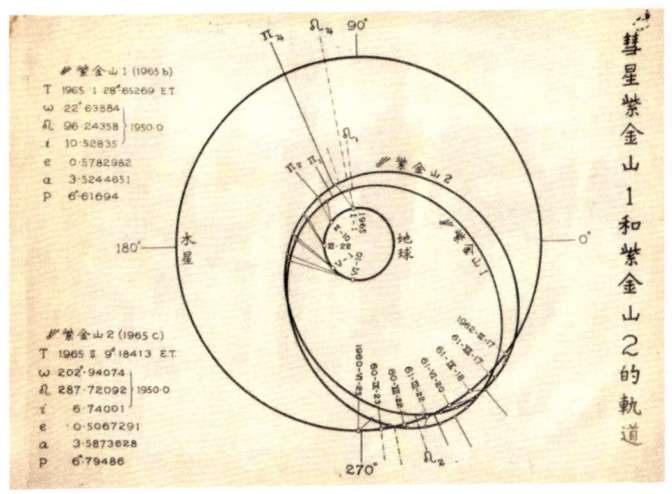

1965年张钰哲手绘"紫金山1号"和"紫金山2号"彗星轨道示意图

紫金山天文台于20世纪60年代购置的40厘米双筒折射望远镜

镜已经"英雄难有用武之地"。此时的紫金山天文台,迫切需要一座新的光学观测站。

盱眙观测站的建立,本是紫金山天文台小行星学科进一步发展的需要,不过在1994年发生的一场太空事件也意外推动了这座观测站的诞生。

这个大事件就是"彗木相撞"。1993年3月,美国天文学家苏梅克夫妇和天文爱好者列维发现了一颗彗星，后来被命名为"苏梅克—列维9号彗星"（以下简称SL9）。天文学家们通过计算SL9的轨道发现了一个惊人的情况：这颗彗星早在1992年7月8日，就曾经悄无声息地从木星身旁擦肩而过，差点儿跟木星迎头相撞，引发太阳系里极其重大的"交通事故"。

放在几十亿年前，太阳系里发生交通事故并不稀奇。在太阳系形成早期，大大小小的原始行星、原始小行星就像未受过教育、不懂交通规则的野蛮人，大家你撞我、我撞你，天天事故不断，撞得你死我活，就连月亮都是这么给撞出来的。渐渐地，大家该撞的都撞得差不多了，各类天体都在自己的轨道上安分守己地运行，变得文明有序，太阳系终于稳定下来。虽然撞击事件还不时会发生，但比以前少得多，规模也很小，偶尔才会出现山崩地裂的大事件。比如6500万年前，一颗直径大约10千米的小行星撞击了今天墨西哥湾的地方，导致地球上的生物大量灭绝，当时的生物霸主恐龙从地球舞台上消失，间接为后来人类的诞生腾出了生存空间。

这颗SL9彗星虽然在1992年错过了木星，可是天文学家通过计算却发现：它在下一个轨道周期里，将于1994年7月17日撞击木星！这个发现震惊了整个国际天文界和对此感兴趣的所有人。

这颗彗星的彗核（彗星的主体部分），实际上已经分裂为大小不等的21块碎片，它们像一列高速火车朝着木

SL9彗星的碎片正在飞向木星，此图根据哈勃空间望远镜拍摄的照片合成

星呼啸而来。这列火车前后长达16万千米,其中第七节"车厢"最大,有4千米长。SL9之所以会裂为碎片,是因为木星的质量过于庞大,为地球的318倍,SL9一定是在上一次从木星近旁飞掠时,被木星巨大的起潮力所撕碎,进而瓦解成一串碎片。

如此巨大的彗星撞击木星,将让木星遭受何等沉重的灾难?自从伽利略发明了天文望远镜,天文学家还从来没有机会在望远镜里看到过这么猛烈的碰撞,现在千年不遇的时机居然送上门来,这让天文学家们既兴奋又紧张。世界上有12个天文台联合制订了"国际彗星碰撞联测网实验计划",各大天文台数以百计的望远镜,包括射电望远

SL9彗星的碎片撞击木星留下的痕迹　哈勃空间望远镜拍摄

镜、空间望远镜等，都瞄准锁定了 SL9 和木星，包括当时刚刚完成维修并投入正常观测的哈勃空间望远镜，以及发射于 1989 年 10 月 18 日，在当时尚未飞抵木星的伽利略号木星探测器。哈勃望远镜和伽利略探测器都属于美国航空航天局（NASA），这家机构在空间天文方面具有全球领先的绝对优势。

中国也成立了"全国监测网联合协调组"，组长和秘书长都由紫金山天文台的专家担任。在当时，世界上最大口径的光学望远镜口径为 5 米，而中国最大的光学望远镜是北京天文台的 2.16 米望远镜和上海天文台的 1.56 米望远镜。不过，并不是所有的望远镜都能投入这次观测，在国内主要运用上海天文台的 1.56 米望远镜对碰撞过程和碰撞后的木星状态取得了大量珍贵的观测资料。

紫金山天文台当时最大的光学望远镜——那台大台里的 60 厘米反射望远镜，它作为中国天文界的"元老"也被用于这次观测。虽然南京的观测条件并不好，但这台望远镜还是获取了一些碰撞后的图像资料。这位从德国远道而来的科学使者，最后一次为中国的天文事业做出了重要贡献。

从 1997 年 7 月 17 日凌晨（北京时间）到 22 日，19 块彗星碎片（还有 2 块碎片自行碎裂瓦解）先后以每秒 60 千米的速度猛烈撞击木星，总的撞击能量相当于 20 亿颗广岛原子弹，产生的最大一朵"蘑菇云"相当于地球的体积。撞击产生的明亮闪光，在木星表面长时间留下显著的"瘢痕",这些都被各大望远镜清晰拍摄,成为后续研究的重要资料。

在这次彗木相撞事件中,中国的天文学家不但组织了观测,还圆满地完成了一项特别重要的工作——预报彗星碎片撞击木星的时刻。当时世界上只有美国 NASA 和中国紫金山天文台各自独立地开展这项工作。由于缺乏有效的观测设备,紫金山天文台的专家难以获得足够和最新的数据来进行预报计算。不过,通过张家祥等人出色的工作,最终的观测结果表明,紫金山天文台与 NASA 的预报精度完全相当。

这次彗木相撞,撞击的是木星,震惊的是地球。惨烈的天地大碰撞让地球上的人类不寒而栗地联想到一个问题:这种规模的撞击如果发生在地球身上,结果将会如何?答案显而易见:结果就是人类将彻底消失。这次撞击

紫金山天文台盱眙观测站的观测楼

事件让中外科学家都意识到，建立全球的太空监测系统，搜索和跟踪那些有可能撞击地球并带来较大危害的小天体，已经刻不容缓。

在这样的共识与大背景下，紫金山天文台的盱眙观测站得以顺利建造，成为国际预防近地天体联合监测网的重要组成部分。此后，紫金山天文台的小行星观测工作就离开紫金山，转移到了盱眙观测站。

通过中科院与江苏省的合作，以及在海内外各方人士的大力支持下，盱眙观测站于2001年11月正式奠基。2006年10月，近地天体望远镜建成，投入到近地小天体的搜索观测中。这台望远镜是施密特型，通光口径达到

盱眙观测站的近地天体望远镜

104厘米，反光镜直径是120厘米，是国内最大的折反射望远镜，也居于世界上同类型望远镜的前列。它搭载的CCD天文相机，也是国内顶级的。如果把整套望远镜比作人的眼睛，天文相机就相当于眼睛底部的视网膜。

明眸必然善睐，盱眙观测站的发现能力在全球近地天体联合监测网中居于前列，目前已新发现小行星5000多颗，其中有700多颗已经获得永久编号。经过甄别，这些新发现的小行星当中有42颗是近地小行星，其中又有7颗是对地球存在一定威胁的小行星。不过根据这5个潜在威胁小行星目前的轨迹来看，它们还不至于真的跟地球发生碰撞，只需对它们持续跟踪，加以警惕即可。

盱眙观测站的星空

盱眙当地除了美丽的星空，还有一样闻名天下的特产——小龙虾，每年的盱眙龙虾节是当地推介特色产品、打造龙虾产业的盛会。早年举办龙虾节的时候，还曾将盱眙观测站纳入宣传，将其作为当地旅游推介中的一大亮点。水中的小龙虾，地面的望远镜，天上的星星，如今组合成了盱眙对外旅游宣传的名片。

第六节　天文博物馆

今日紫金山天文台的各个野外台站当中，有两个是最"不野外"的，那就是青岛观象台和紫金山园区，因为它们现在都已经被扩张的市区包围在中间。既然身处闹市，已经难以从事专业天文观测，最合理的归宿就是将其改造

位于城市中的紫金山天文台紫金山园区，现在是一座天文博物馆和科普教育基地

张钰哲在晚年时期依然为青少年讲解天文知识

为科普基地以及天文博物馆。

  紫金山天文台对于科普工作历来十分重视。在天文研究所时期，就出版和发表过很多面向广大民众的科普图书和科普文章，陈遵妫先生在这方面的贡献尤多。中华人民共和国成立后，紫金山天文台的科普工作开始逐渐常规化。紫金山天文台从20世纪50年代起就不时对市民开放，台长张钰哲先生还曾多次为少年儿童讲解天文知识。他一生中更是写过大量的科普文章，是天文科普领域的一位先驱。

  张钰哲、陈遵妫等前辈建立起来的科普传统，在紫金山天文台一代一代地传承了下来。紫金山园区自1994年正式对社会开放，接纳公众日常参观。进入21世纪，紫金山园区的科研工作加速外迁，同时不断开拓各项科普工作。

大台 60 厘米望远镜，现在用于科普展教
紫金山天文台紫金山园区是个日常开放的科普教育基地

1984 年紫金山天文台建成 50 周年时张钰哲等元老合影

目前这里已成为接待四面八方游客的科普基地。

紫金山园区作为中国第一座国立现代天文台，先后汇集了一代代杰出的天文学家在这里仰首观天、俯身修文，将幼小的中国现代天文学培植壮大，养成为枝繁叶茂的参天大树。园区里的每个角落，都收藏了他们曾经往来的身影，留下了他们对中国天文事业的彷徨、呐喊和祝福。

这里保留的望远镜，是中国现代天文学开拓的见证。每一台望远镜都记录了发现的故事与敬业的精神。这里分布的建筑，大大小小20多座，其中民国时期的7座，是国立第一天文台的"当事人"，其他后期扩展的建筑，则是新中国成立后天文学奋力开拓的"见证者"。

这里保存的明清天文仪器，代表了中国古代天文仪器的最高水准，体现了中国古代科学家与匠人的求索精神和聪明才智。它们用600年的时间，走下北京观象台，登上南京紫金山。它们经历了明清天文学从辉煌到落寞的曲折，经历了清末民初时期颠沛流离、失散海外的悲剧，经历了抗战期间南迁避难、枪林弹雨的遭遇，也享受了和平时期的岁月安宁。

这里耸立的天堡城遗址，历来是拱卫金陵的要塞之地。在太平天国和辛亥革命期间，事关历史进程的关键战役都曾上演于这方历史舞台。在这里的观景平台上，万里江山一览无余，令人胸怀开阔、心潮澎湃。极目四望，可凭吊怀古，可览胜今朝。

陈列于紫金山天文台紫金山园区的浑仪

陈列于紫金山天文台紫金山园区的简仪

在天堡城平台上俯瞰南京

紫金山天文台的标志建筑：大台

今日紫金山天文台紫金山园区全景（於朝勇摄影）

现在的紫金山园区，成为以历史上真实的科研重地转型而来的科普教育基地。或者按照南京市民的说法，紫金山天文台正在整体改造为一座天文历史博物馆，不久之后，将以全新的面貌回归公众。

紫金山天文台是个科学的殿堂，散发着求索的气息。

紫金山天文台是个封装了时光的胶囊，收藏着不能忘怀的历史。紫金山天文台是个看得见风景的山岭，在这里尽可以忘记一切科学或历史，近看山水城林，远眺天边落日。每天都是紫金山第一个迎来旭日东升，最后一个目送落日西沉，但落日并不曾离去，它将是下一个朝阳。